Doug Mitchel

Die Harley-Davidson Chronik

Von 1903 bis heute

HEEL

Der Name Harley-Davidson und einige Modellbezeichnungen sind Eigentum der Harley-Davidson Motor Company.

Weder der Autor dieses Buches, noch die Firma Publications Intern. Ltd. stehen in irgendeinem Zusammenhang mit der Harley-Davidson Motor Company. Einige Bilder wurden zwar vom Harley-Davidson-Archiv zur Verfügung gestellt, aber weder das Archiv noch die Harley-Davidson Company sind in irgendeiner Weise verantwortlich für den Inhalt des Buches.

IMPRESSUM

HEEL Verlag GmbH
Wintermühlenhof
53639 Königswinter
Tel. 0 22 23/92 30-0
Fax 0 22 23/92 30-26

Für die Originalausgabe:

Übersetzung:
Luis Fernandes, Bestwig

Umschlaggestaltung:
Olaf Schumacher ARTWORK, Königswinter

Satz (Fremddatenübernahme):
Fotosatz Hoffmann, Winterscheid

ISBN 3-89365-545-X

Fotografien

Alle im vorliegenden Buch abgebildeten Fotografien stammen von Doug Mitchel, mit Ausnahme von denjenigen mit „Harley-Davidson" gekennzeichneten Abbildungen sowie ergänzendem Bildmaterial aus dem Besitz von:

Tom Perkins, Noel Paraninfo, Scott Barber: 40, 49; Phil Toy: 152, 153; Wallace Salley: 219; Michael Kan: 126, 282; Mark Leivdal/Shooting Star: 316; C.W. Bush/Shooting Star: 316; Michael Ferguson/Globe Photos: 316; Janet Gough/Celebrity Photo: 317; Albert Ortega/Celebrity Photo: 317; Mark Weiss/Angles: 317; R. Price/Globe: 317; Fitzroy Barrett/Globe: 317

Fahrzeugbesitzer

Mein besonderer Dank geht an die Besitzer der im vorliegenden Buch abgelichteten Fahrzeuge für ihre zuvorkommende Mitarbeit. Ihre Namen sind nachfolgend aufgeführt mit Angabe der jeweiligen Seitenzahl(en):

Besonderer Dank auch an: Rev's Vintage Rides, Temple City, CA; Paul Pfaffle, Vintage Classics, Waukesha, WI; Rex Barret

Lynn Sweet, Harley-Davidson Museum, York, PA: 11, 60, 70, 125, 158; Dave Kiesow, Illinois Harley-Davidson, Berwyn, IL: 12, 13, 22, 23, 58, 59, 76, 77, 78, 79, 108, 109, 146, 147, 212, 213, 220, 221, 232, 233, 242, 243, 252, 253; Henry Hardin Family: 16, 17, 46, 47, 120, 121; Bud Burnett, Bud's Harley-Davidson, Evansville, IN: 20, 21, 66, 110, 111, 196, 197, 240, 241; John E. Olberg: 28, 29; Dale Walksler, Wheels Trough Time Museum, Mt. Vernon, IL: 18, 19, 31, 50, 51, 52, 54, 55, 60, 64, 65, 75, 80, 81, 89, 93, 96, 98, 99, 100, 101, 102, 103, 105, 113, 114, 115, 117, 126, 127, 130, 131, 133, 144, 145, 150, 168, 172, 209, 248, 249, 258, 259, 282; Pete Bollenbach: 34, 35, 282; John Parham: 36, 37, 41, 164, 165; Mike Lange: 40; Bob McLean: 42, 42, 246, 247; Tom Baer: 44, 45, 62, 63; Jim Kersting, Kersting's Harley-Davidson, North Judson, IN: 56, 57, 113, 117, 118, 119, 122, 123, 132, 187, 229, 234, 235, 245, 250, 263, 264, 265, 283; Ray Schlee: 82; Paul Ross: 86, 87, 214, 215; Henry Hack: 90, 91; Al & Pat Doerman: 106, 107, 182, 183, 216, 217; David Monahan, Perfect Timing Inc.: 128, 129, 140, 141, 239; Elmer, Kokesh Cycle: 138, 139; Walter E. Cunny: 142, 143; Marvin Bredemeir: 148, 149; Pablo A. Lopez: 152, 153; Frank DeGenero: 154, 155; John Archacki: 156, 157, 160, 161, 188, 200, 201, 210, 211; Elizabeth Phillips: 166, 167; Don Chasteen: 170, 171, 178, 179, 224, 225, 230, 231, 244; William P. Dokianos: 174, 175; Steve Schifer: 180, 181; Stewart Ward: 184, 185; Greg Lew: 194, 195; Ted Moran: 202, 203, 222, 223, 256, 257, 284, 285; Robert Scott: 204, 205; Richard Cronrath/Peter Eiser: 219; Tom Gentner: 226, 227; Buzz Walneck: 236, 237; Al Wallschlaeger: 260, 261; Rick Bernard: 266, 267; John Kasper: 276, 277; Lake Shore Harley-Davidson, Waukegan, IL: 278, 279; Claudio Rauzi: 288, 289; Heritage Harley-Davidson, Lisle, IL: 290, 291, 296, 297, 302, 303; Lou Gerencer Harley-Davidson, Elkhart, IN: 295; Larry Melvin: 295; Bill Stewart, American Motor Works, Wabash, IN: 304, 305; Dennis Ahrens: 308

Inhalt

Vorwort

Emotion und der Hauch von Abenteuer sind die unabdingbaren Ingredienzen der heutigen Motorradkultur. Harley-Davidson-Motorräder haben es seit jeher verstanden, anspruchsvolles Design und fortschrittliche Technologie in einer einzigartigen Ästhetik miteinander zu verschmelzen. Die Maschinen aus Milwaukee bieten nicht nur viel fürs Auge, sondern bedeuten ein Fahrerlebnis der ganz besonderen Art.

Freiheit und Weite des amerikanischen Traums standen nicht nur immer im Mittelpunkt der Harley-Davidson-Philosophie, sondern sind essentieller Bestandteil der historischen Entwicklung und der sensiblen Firmenpolitik der Harley-Davidson Motor Company.

Die Geschichte Harley-Davidsons lohnt immer eine nähere Betrachtung, insbesondere wenn Vergangenheit, Gegenwart und Zukunft der Marke sich über die Maschinen selbst erschließen, und nicht nur über das Image, das sie vermitteln.

Das vorliegende Buch beleuchtet nicht nur die Geschichte der Marke Harley-Davidson, sondern gewährt ausführlichen Einblick in das Erbe eines der bedeutsamsten Motorradhersteller der Welt.

Dr. Martin Jack Rosenblum
Historiker der Harley-Davidson Motor Company

Zahlreiche der im vorliegenden Buch abgebildeten Fotografien stammen aus den Juneau-Avenue-Archiven der Harley-Davidson Motor Company und weisen eine dementsprechende Kennzeichnung auf.

Einleitung

Die Geschichte des motorgetriebenen Zweirads begann Ende des vorigen Jahrhunderts. Noch vor der Erfindung des Verbrennungsmotors dienten Fahrrädern dampfgetriebene Aggregate als Vortrieb. Die ersten Motorfahrräder erblickten das Licht der Welt in Europa, doch schon bald gelangten sie über den Atlantik auch in die Vereinigten Staaten von Amerika.

Kaum hatte das neue Fortbewegungsmittel amerikanischen Boden unter die Räder genommen, war seine rapide Entwicklung nicht mehr aufzuhalten. Überall wagten sich kleine Unternehmen, aber auch Einzelpersonen an ihre eigene Interpretation des „Motorfahrrads“. Das Rezept schien einfach: Man nehme einen Fahrradrahmen, implantiere ein Antriebsaggregat und werfe das fertige Produkt auf den Markt. Doch ganz so einfach sollte es dann aber doch nicht kommen.

Im Jahre 1902 hatte sich an der amerikanischen Ostküste die Hendee Manufacturing Company bereits als Hersteller der heute berühmten Indian-Motorräder einen kleinen, aber feinen Namen gemacht. Wie alle Mitbewerber bedienten sich auch die Indian-Konstrukteure der damals gängigen Grundkomponenten. Weitab, in einem kleinen Holzverschlag im ländlichen Wisconsin, begeisterten sich drei junge Männer ebenfalls für die Idee des Motorrads. Der Rest ist, wie wir wissen, Geschichte . . .

Gemeinsam konstruierten die drei jungen Motorradpioniere, Arthur Davidson, Walter Davidson und William Harley, das erste Harley-Davidson-Modell, das 1903 schließlich in den Handel kam. Die Konstruktion ließ jedoch weltbewegende Technologie vermissen, hatten die jungen Männer im Prinzip nichts anderes getan, als ein Einzylindertriebwerk (basierend auf dem De Dion-Bouton-Prinzip) mit einem gewöhnlichen Fahrradrohrrahmen zu kombinieren. In glänzendem Schwarz lackiert, erfuhr ihre Schöpfung von Familie und Freunden gleichsam große Bewunderung — eine amerikanische Legende war geboren.

Nachdem die frischgebackenen Konstrukteure das Leistungsvermögen ihres Gefährts unter Beweis gestellt hatten, gingen auch schon die ersten Bestellungen ein. Bis zu diesem Zeitpunkt hatte ein kommerziell orientierter Verkauf nicht im Vordergrund gestanden, doch bereits im darauffolgenden Jahr verließen zwei weitere Motorräder, ihre kleinen Benzintanks verziert mit dem Schriftzug „Harley-Davidson Motor Company“, den unscheinbaren Holzverschlag. 1905 erhöhte sich die Produktion auf acht Maschinen, eine Zahl, die schon 1906 durch den stattlichen Absatz von fünfzig Motorrädern mehr als in den Schatten gestellt werden sollte.

Die Motorradbegeisterung seiner beiden jüngeren Brüder weckte auch das Interesse des ältesten der drei Davidson-Brüder, William A. Davidson, der dem flügge werdenden Unternehmen im Jahre 1907 beitrat. Unter seiner Mithilfe stieg die Produktion dieses Jahres auf fast 150 Maschinen an, Grund genug für die jungen Pioniere, ihr Unternehmen als rechtsverbindliche Firma eintragen zu lassen.

Ebenso wie das Unternehmen aus Milwaukee stetige Wachstumsraten verbuchen konnte, wuchs auch das öffentliche Interesse am Motorrad. Immer mehr Hersteller betraten die erfolgversprechende Motorradbühne, auf der sich in ihrer Hochphase bis zu 300 Herstellerfirmen tummelten. Doch so schnell manche Unternehmen ins Licht der Öffentlichkeit traten, so schnell verschwanden sie auch wieder von der Bildfläche. Harley-Davidson jedoch bewies Überlebensqualitäten — zu guter Letzt als einzig Überlebender.

Harley-Davidson erwarb sich im Laufe der Jahre einen guten Namen als Hersteller von leistungsfähigen wie zuverlässigen Motorrädern, vertrieben über ein ebenso leistungsfähiges wie zuverlässiges Händlernetz. Trotz bedeutender Rennerfolge kurz vor Anbruch der zwanziger Jahre war es nicht die Schnelligkeit der Maschinen aus Milwaukee, die ihnen gute Absatzzahlen bescherte, sondern ihr sprichwörtlich guter Ruf. Veränderungen fanden kontinuierlich, wenn auch wohldosiert Eingang in die Produktion; das Konstruktionsniveau durchbrach zwar nur selten gängige Technologien, doch die Maschinen blieben immer auf der Höhe der Zeit, und qualifizierten sich vor allem durch ihren hohen Gegenwert und ihren einzigartigen Stil.

Noch heute hält die Harley-Davidson Motor Company, Inc. diesem Grundsatz die Treue. Jedes neue Modelljahr bringt den Maschinen, und letztlich auch dem Kunden, innovative Technologie und verbesserte Qualität. Vorbei sind die Dürrezeiten, die jeder Großserienhersteller irgendwann einmal durchläuft. Die Übernahme durch AMF in den späten Sechzigern hätte den Namen Harley-Davidson um ein Haar von der Landkarte der Motorradhersteller radiert, doch der Rückkauf des Unternehmens in die Obhut einer engagierten Investorengruppe ließ den alten Glanz um so stärker wiedererstrahlen. Heute zählt der Name Harley-Davidson zum Grundwortschatz jeder Nation, nahezu jeder der anderen Motorradhersteller unternimmt immer wieder Versuche, die Maschinen aus Milwaukee zu imitieren. So perfekt diese Schöpfungen auch ausfallen mögen, sie werden niemals als Erben des Mythos Harley-Davidson in die Geschichte eingehen.

Die frühen Jahre

Als William Harley und die Brüder Arthur und Walter Davidson sich im Jahre 1903 entschlossen, ihr erstes eigenes Motorrad zu bauen, entsprach das Ergebnis weitestgehend den damals gängigen Konstruktionen. Im Prinzip präsentierte sich ihr motorisiertes Zweirad als Fahrrad mit Verbrennungsmotor nach dem französischen De-Dion-Bouton-Prinzip. Die Kraftübertragung auf das Hinterrad erfolgte mittels breitem Lederriemen, gestartet wurde das Gefährt durch Treten der Pedale – eine manchmal durchaus schweißtreibende Angelegenheit.

Moderne Methoden der Massenfertigung waren damals noch vollkommen unbekannt, und so entstand jedes Teil des 10,2 cu.in.-Triebwerks (167 ccm) ausschließlich in Handarbeit. Das kleine Aggregat, beatmet mittels hängendem Schnüffelventil auf der Einlaßseite und mechanisch gesteuertem seitlichem Auslaßventil, leistete gesunde zwei Pferdestärken, ausreichend, um das rudimentäre Gefährt auf flotte Schrittgeschwindigkeit zu beschleunigen.

Obwohl dieses seltsame Mittel muskelkraftschonender Fortbewegung alles andere als den Eindruck erfolgreicher Verkaufbarkeit vermittelte, stellten sich überraschenderweise gleich mehrere potentielle Kunden ein. Ein zweiter Prototyp mit großvolumigerem Triebwerk folgte ein paar Monate später. Es war diese Maschine, die den Grundstock für die nachfolgende Produktion der ersten Serienmodelle bildete. Im darauffolgenden Jahr erhöhten die Motorradpioniere ihre Kapazitäten auf stattliche *zwei* „Harley-Davidson" – genug jedenfalls, um die drei Jungs aus Milwaukee in das Motorradgeschäft einsteigen lassen zu können.

1905 schrieben die Produktionszahlen bereits acht Einheiten, Grund, das „Werk" auf die doppelte Größe – nun stattliche 28 Quadratmeter – zu erweitern. Das nachfolgende Jahr brachte zusätzliche Farbe ins Spiel: Dem traditionellen Schwarz stellte man den Farbton Renault-Grau zur Seite, beide Lackierungen aufgewertet durch handgezogene Linierungen. Die Absatzzahlen stiegen auf 50 Exemplare.

Unzählige Motorradhersteller drängten zum damaligen Zeitpunkt auf den Markt, doch vor allem Harley-Davidson vermochte, sich durch seine ruhig laufenden, zuverlässigen Maschinen einen guten Ruf zu erwerben – Zeit also, die nächste Evolutionsstufe einzuläuten. Gerade dieser Schritt sollte für die weitere Entwicklung des expandierenden Unternehmens eine alles entscheidende Rolle spielen.

Motorisierte Zweiräder hatten sich durchaus als lebensfähige Form der Fortbewegung erwiesen, und so war es nicht weiter verwunderlich, daß die Kundschaft nach mehr verlangte. Wie von der menschlichen Natur nicht anders zu erwarten, war „mehr" gleichbedeutend mit höherer Geschwindigkeit. Und dieses Ziel ließ sich natürlich nur mit höherer Motorleistung erreichen. Vorhang auf für den legendären V-Twin …

Präsentiert auf einer Motorradausstellung des Jahres 1907, erwies sich „the engine that made Milwaukee famous“ nicht unbedingt als durchschlagender Konstruktionserfolg. Im Einlaßtrakt immer noch ausgerüstet mit uneffizienten Schnüffelventilen und am Lederriemen der Kraftübertragung weiterhin behaftet mit kräftezehrenden Schlupfproblemen, hielt man der 1909 in die Serienproduktion eingeführten Urversion des zukunftsträchtigen Triebwerks nur ein Jahr lang die Treue. 1912 schließlich feierte der Motor ein neuerliches Debüt, diesmal als wechselgesteuertes IOE-Aggregat (intake-over-exhaust), ergänzt durch einen Spannmechanismus für den Antriebsriemen — eine Legende war geboren.

Diese moderne Konstruktion im Rücken entwickelte sich Harley-Davidsons technologisches Potential in raschen Schritten. 1912 stellte das Unternehmen eine der ersten Motorradkupplungen vor, gefolgt vom Kettentrieb für das Hinterrad im Jahr 1913 und einem in die Hinterradnabe eingebauten Zweiganggetriebe im Jahr 1914. Im darauffolgenden Jahr stellte Harley-Davidson schließlich ein robustes Schieberadgetriebe mit drei Gängen vor, eingebaut diesmal am „richtigen Platz“. Einzylinder und V-Twins teilten sich das Angebot, doch schon bald hatten die anfangs populäreren Singles gegenüber den potenteren V-Twins das Nachsehen.

Mitte des Jahres 1919 debütierte eine eher fade Motorkonstruktion, ein längs in den Rahmen eingebautes Boxertriebwerk mit zwei Zylindern. Es blieb nur vier Jahre lang in Produktion. In der Zwischenzeit, genauer ausgedrückt im Jahre 1921, gesellte sich zum angestammten V-Twin — bereits 1912 hatte man den Hubraum von 50 auf 61 Kubikzoll (820 auf 1000 ccm) aufgestockt — eine Version mit 74 Kubikzoll (1213 ccm). Dieser Motor begründete die Baureihe der berühmten „Seventy-fours“.

1926 kam Harley-Davidson mit einem kleinvolumigen Einzylindertriebwerk (344 ccm) auf den Markt, angeboten mit seiten- oder obengesteuerter Ventilkonfiguration. Erfolgreicher auf den Rennpisten der damaligen Zeit als in den Ausstellungsräumen der Händler, erwarben sich diese Singles aufgrund ihres eigentümlichen trockenen Auspuffgeräuschs sehr schnell den Spitznamen „Peashooter“.

So seltsam es auch klingen mag, zur damaligen Zeit standen Seitenventilmotoren nicht selten höher im Kurs als wechsel- oder gar obengesteuerte Triebwerke. Obwohl die Popularität der sogenannten „Flatheads“ in erster Linie auf die höhere Wartungsfreundlichkeit zurückzuführen war (damals ein nicht gerade unwesentlicher Faktor), entschloß sich Harley-Davidson dennoch, diese Ventilkonfiguration seinen V-Twins angedeihen zu lassen. Gegen Ende der „Roaring Twenties“ schließlich lösten die berühmten Flatheads die in Ehren ergrauten wechselgesteuerten Motoren ab — und sorgten über vier Jahrzehnte lang für Dampf aus dem Milwaukeer Drehzahlkeller.

© Harley-Davidson

1

© Harley-Davidson

2

1. Die erste Harley-Davidson schöpfte ihre Fortbewegungskraft aus einem vergleichsweise kleinvolumigen 10,2 cu.in.-Triebwerk (167 ccm). Die erreichbare flotte Schrittgeschwindigkeit sollte sich allerdings mit dem nachfolgenden, auf 24,74 cu.in. (406 ccm) vergrößerten Motor zu beachtlichen 40 km/h wandeln. Das Triebwerk dieses abgebildeten frühen Modells basiert auf dem späteren der beiden Motorprototypen. **2.** Die heute weltberühmte Harley-Davidson Motor Company begann ihre Geschichte in diesem kleinen Holzverschlag auf dem Grundstück der Familie Davidson in Milwaukee. Das erste Motorrad von William Harley, Arthur Davidson und Walter Davidson entstand im Jahre 1903.

Bis 1903

Das ausgehende 19. Jahrhundert erlebt die Erfindung des motorgetriebenen Fahrrads in Europa.

Amerika entdeckt die Vorzüge des neuen Fortbewegungsmittels und gebärt zahlreiche Interpretationen des „Motorfahrrads“.

1901 wird die Indian Motorcycle Company gegründet, die später zu Harley-Davidsons stärkstem Konkurrenten erwächst.

In Kitty Hawk erheben sich die Gebrüder Wright in die Lüfte.

Die Ford Motor Company, später ebenfalls ein ernstzunehmender Rivale im Wettbewerb um die Mobilisierung der Massen, läßt sich 1903 als offizielles Unternehmen eintragen.

Die erste Baseball-Spielserie der Herbstsaison findet statt.

1

© Harley-Davidson

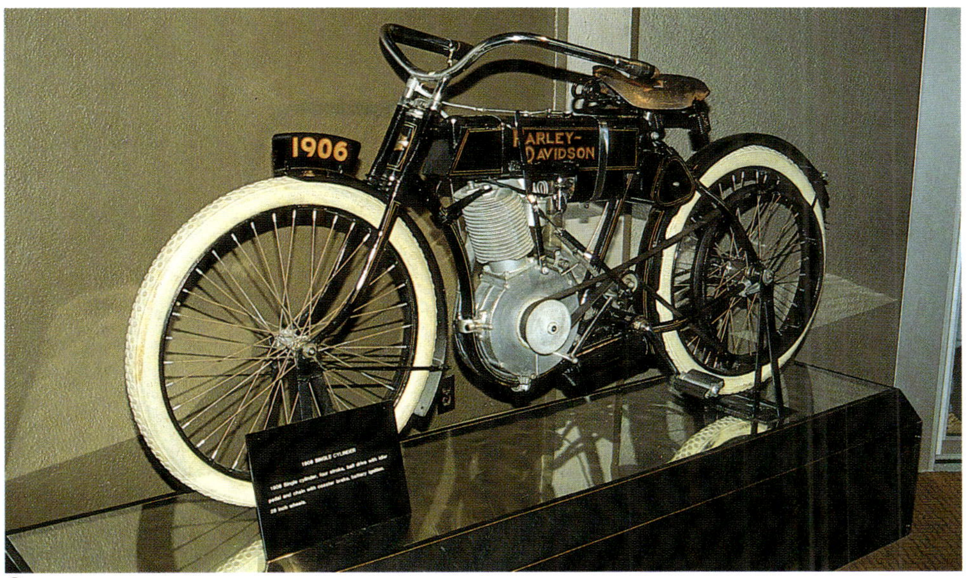

2

1. Der allererste Prototyp griff auf einen leicht modifizierten Fahrradrahmen zurück, während die nachfolgende Konstruktion bereits einen eigens angefertigten Rahmen mit gebogenem Unterrohr verwendete. **2.** Das ursprüngliche Farbschema war Schwarz mit goldfarbener Linierung und Schrift, zu sehen an diesem Modell des Jahres 1906. In demselben Jahr kam als zweite Farbe Renault-Grau hinzu. **3.** Der Lenkkopf schien einem Fahrrad zu entstammen – was er auch tat. **4.** Schlupfende Antriebsriemen gehörten dank dieser Konstruktion der Vergangenheit an. **5.** Die Beschriftung der Tanks erfolgte per Hand.

3

4

5

1910 Model 6

Die Model 6 von 1910 verfügte über einen Hubraum von 30 Kubikzoll (492 ccm) und leistete stattliche 4,34 PS. Mit diesem Einzylindermodell gelang es Harley-Davidson, das Publikumsinteresse an der Marke erheblich zu steigern.

Untere Bildreihe (von links oben):
Der Hinterradantrieb erfolgte über einen verstärkten Lederriemen. Obwohl andere Harley-Modelle mit Magnetzündungen ausgerüstet waren, lieferte bei der Model 6 eine von einer Batterie gespeiste Spule den erforderlichen Zündfunken. An der Gabel ermöglichten kurze Längslenker im Verbund mit Schraubenfedern einen akzeptablen Federweg; die Abfederung der Heckpartie übernahm ein Federsattel. Die Gemischaufbereitung mutet zwar recht rudimentär an, erwies sich aber weitaus durchdachter als noch bei früheren Modellen.

© Harley-Davidson

1

2

1. Gruppenbild mit Harley-Davidson, aufgenommen um 1908: William S. Harley sitzt vorn, William A. Davidson hinten im Seitenwagen; Dritter von links ist Walter Davidson, Arthur Davidson jedoch fehlt. **2.** Diese berühmte Fotografie, ausgestellt im Harley-Davidson-Museum, zeigt Walter Davidson Sr. nach seinem Sieg bei einem Zuverlässigkeitsrennen im Jahre 1908. Das kleine Bild zeigt die vier Unternehmensgründer vor dem Harley-Davidson-Firmengebäude in Milwaukee.

1903 1904

Drei junge Männer – William Harley und die Brüder Arthur und Walter Davidson – versuchen sich an einer eigenen Interpretation des neuen Transportmittels. 1903 nimmt ihr erstes Motorrad die Straßen von Milwaukee unter die Räder.

Ein paar Monate später entsteht ein weiteres Motorrad, diesmal mit einem großvolumigeren, ruhiger laufenden Triebwerk. Dieses Fahrzeug dient als Prototyp für die frühen Serienmodelle.

1904 beginnt der Bau des Panama-Kanals. Die Fertigstellung wird 10 Jahre dauern.

Theodore Roosevelt wird zum Präsidenten der Vereinigten Staaten von Amerika gewählt.

1. Im Laufe der Jahre entdeckte die Unternehmenswelt die Qualitäten des Motorrads auch als Lieferfahrzeug (hier ein Foto aus dem Jahr 1909). **2.** Dieser junge Mann posiert stolz neben einer Harley des Jahres 1909. **3.** Nicht nur die Motorräder schmückten sich mit dem berühmten Schriftzug, sondern auch ihre Fahrer: Stilleben mit 1911er Einzylinder-Harley und passendem Rollkragenpullover. **4.** Die Romanqualitäten des Motorrads gingen an den damaligen Autoren nicht spurlos vorüber. *Tom Swift and his Motorcycle*, veröffentlicht im Jahre 1910, war ein Titel innerhalb der Buchreihe mit Abenteuern von Tom Swift. **5.** Die Buchreihe *Motorcycle Chums* (Motorradkameraden) ließ ihre Protagonisten in jedem Titel Abenteuer in einer anderen Region des Landes bestehen.

1

2

3

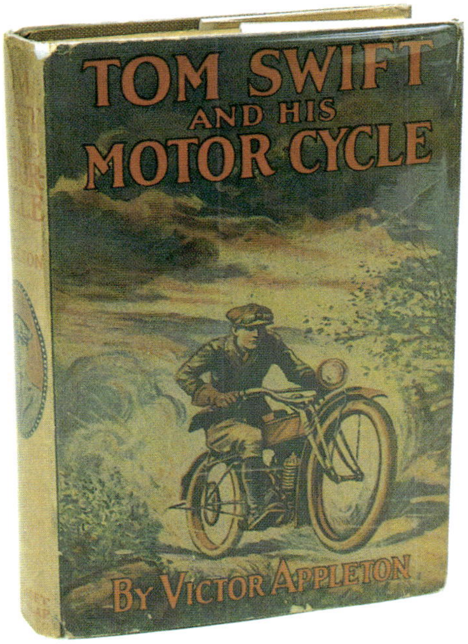

4

5

1912 X8A

Harley-Davidsons V-Twin feierte, nachdem er 1910 zwecks dringender Überarbeitung kurzzeitig aus dem Programm genommen werden mußte, 1912 zwar ein erneutes Debüt, doch den Großteil der Absatzzahlen schrieben nach wie vor die Einzylindermodelle. Die X8A wird angetrieben von einem 30 cu.in.-Aggregat (492 ccm), die Kraftübertragung aufs Hinterrad erfolgt per Lederriemen. Mittig an der linken Seite des Tanks befindet sich die Rastung für die Hebelei des Riemenspanners *(rechts).* Der Hebel dahinter dient der Betätigung der in die Hinterradnabe integrierten Freilaufeinrichtung, der sogenannten „Free Wheel Control", gleichzeitig eine der allerersten Kupplungskonstruktionen der aufstrebenden Motorradbranche. Angelassen wurde die Maschine wie gewohnt über Tretpedale.

Rechte Seite unten, von links: Der Einzylinder erhält sein zündfähiges Gemisch über ein Schnüffelventil, gezündet wird mittels Magnetzündung. Dieses frühe Harley-Davidson-Emblem („coat of arms") ziert den Öltank.

HARLEY-
DAVIDSON

HARLEY-
DAVIDSON

1914
10C

Als im Jahre 1914 das Modell 10C debütierte, verbaute Harley-Davidson bereits den gegenüber dem althergebrachten Lederriemen wesentlich effektiveren Kettentrieb. Das Einzylinderaggregat mit 35 cu. in. (574 ccm) leistete dank des neuen, mechanisch gesteuerten Einlaßventils nun stattliche fünf Pferdestärken. Die Federung des Vorderrads *(oben)* arbeitete noch immer mit recht geringem Federweg. *Oben links:* Die Kupplung läßt sich per Handhebel oder Fußpedal betätigen. *Unten, von links:* Tachometer und Meilenzähler befinden sich auf dem Tankrücken und werden vom Hinterrad über Zahnräder und Welle angetrieben. Eine kleine Kolbenpumpe erlaubt unter starker Motorbelastung das Einpumpen von zusätzlichem Motoröl.

1915
11F

Das Modelljahr 1915 brachte den V-Twins zahlreiche Neuerungen. Dazu zählten u.a. ein Dreiganggetriebe mit links vom Tank montiertem Schalthebel *(linke Seite, unten links)* sowie eine selbsttätige Ölzuführung *(unten rechts)*, die ein Unter- oder Überölen des 61-Kubikzoll-Triebwerks (1000 ccm) verhindern half. Elektrische Beleuchtung fand ebenfalls Eingang in das neue Modelljahr, doch viele Kunden vertrauten weiterhin den bewährten Acetylenlampen *(diese Seite, oben)*. Der Federungskomfort blieb recht primitiv, doch die Motorradfahrer der damaligen Zeit zeigten sich schon überaus zufrieden, wenn sie auf einem gefederten Sattel Platz nehmen konnten *(Mitte)*. Tretpedale blieben Standard, ergänzt durch die bereits 1914 eingeführten, komfortableren Trittbretter.

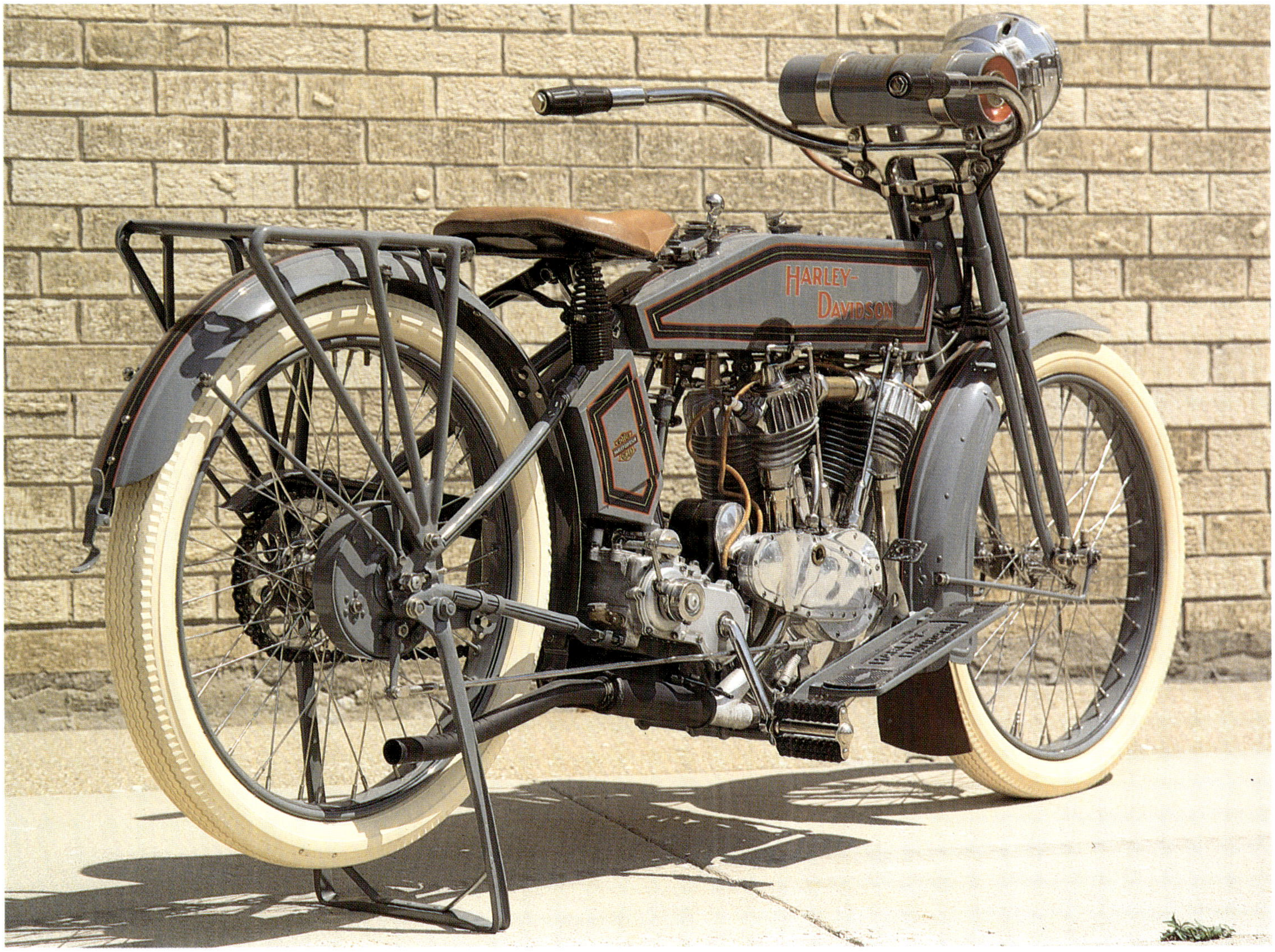

1

2

3

1904
1905
1906

1904 werden zwei weitere Maschinen unter dem Namen „Harley-Davidson“ gebaut und verkauft.

William Harley verläßt Milwaukee, um an der University of Wisconsin seinen Ingenieursgrad zu erwerben.

1905 finden acht weitere Harleys glückliche Besitzer.

1906 steigert sich die Produktion auf beachtliche 50 Einheiten.

Das Farbangebot wird 1906 durch eine zweite Farbe ergänzt. Der Kunde kann nun zwischen Schwarz und dem neuen Renault-Grau wählen.

Ruhiger Motorlauf und der neue graue Farbton verhelfen der Harley zum Beinamen „Silent Grey Fellow“.

1

© Harley-Davidson

Linke Seite:
1. Dieser junge Mann in Damenbegleitung präsentiert stolz seine Einzylinder-Harley des Jahres 1911. **2.** Frauen am Steuer eines Motorrads waren für die damalige Zeit nicht gerade ungewöhnlich (man beachte den zusätzlichen Federsattel). **3.** Diese nicht datierte Fotografie wurde voraussichtlich um das Jahr 1910 gemacht, zumindest deutet das auf einem Sockel präsentierte Einzylindertriebwerk darauf hin.

2

3

© Harley-Davidson

Diese Seite:
1. Die Gründerväter einer Legende (von links nach rechts): William A. Davidson, Ältester der Davidson-Brüder, trat dem Unternehmen 1907 bei; Walter Davidson Sr. feierte mit frühen Modellen erste Rennerfolge; Arthur Davidson, Initiator des ersten Prototyps, engagierte sich intensiv für den Ausbau des Händlernetzes; William Harley, Arthurs Partner, begann 1904 ein Ingenieursstudium an der University of Wisconsin. **2.** Ein zigarrerauchender Pilot neben seiner einzylindrigen Harley-Davidson (aufgenommen ca. 1913). **3.** Einigkeit macht stark.

1. Hatte man das motorradfahrende Alter noch nicht erreicht, vertrieb man sich die Zeit mit entsprechender Lektüre. Dieser 1913 veröffentlichte Titel gehörte zu einer Buchreihe. **2.** Eine Single des Jahres 1913 im Schneetrimm. Das Vorderrad wird von einem Ski geführt, der Ausleger sorgt für die nötige Stabilität. **3.** Arthur Mitchell, seinerzeit ein bekannter Rennfahrer, neben einem Modell des Jahres 1913.

1

2

3

1907
1908

1907 tritt William Davidson, der Dritte der Gebrüder Davidson, dem Unternehmen bei. Der Firmenstatus ändert sich, der Firmenname erhält den Zusatz „Inc.“.

Walter Davidson ist einer von drei Fahrern (insgesamt 27 Teilnehmer), die 1907 das Endurancerennen von Chicago nach Kokomo fehlerfrei absolvieren.

Die Produktionszahlen steigen auf 150 Einheiten.

Der Modelljahrgang 1907 erhält erstmals die von William Harley perfektionierte Springergabel; der Prototyp des V-Twins debütiert auf einer Motorradausstellung.

Walter Davidson gewinnt 1908 die Zuverlässigkeitsfahrt der „Federation of American Motorcyclists“ ohne Fehlerpunkte. Produktion: 450 Einheiten.

William H. Taft wird zum Präsidenten der USA gewählt.

General Motors wird gegründet.

1

2

3

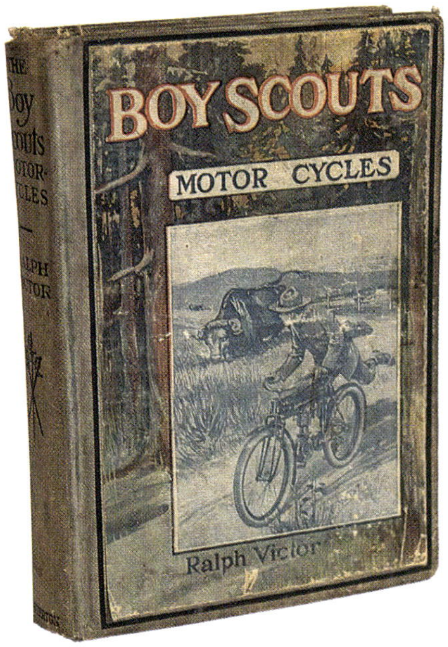

4

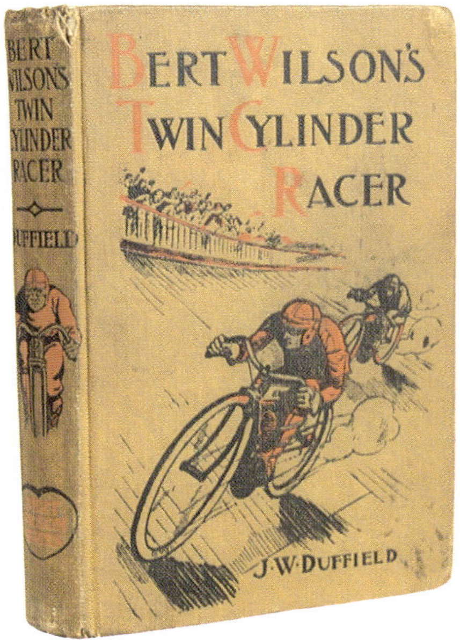

5

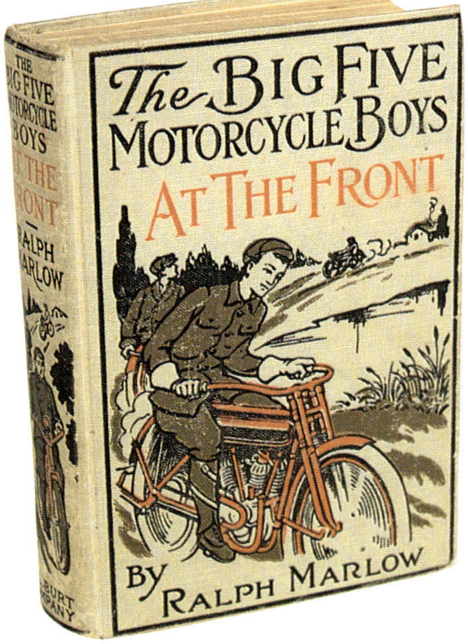

6

1. Winzig im Vergleich zu seinem fahrbaren Untersatz, wird sich dieser Knirps dennoch nichts sehnlicher gewünscht haben als einmal diesen 1914er V-Twin fahren zu dürfen. **2.** Dieses dem oberen sehr ähnliche Modell steht in den Ausstellungsräumen des Harley-Davidson-Museums in York, Pennsylvania. **3.** Diese Zeichnung zeigt einen ausländischen Soldaten auf einer Harley-Davidson des Jahres 1913. **4–6.** Diese drei Titel stehen stellvertretend für die Motorradlektüre, die Anfang des Jahrhunderts die Jugend begeisterte. *At the Front* war eines der Abenteuer von *The Big Five Motorcycle Boys.*

1916
T

Bis 1916 hielt Harley-Davidson an dem anfänglichen Bezeichnungsschema fest, das dem jeweiligen Modell die beiden letzten Ziffern des Produktionsjahrs abzüglich vier zudachte, da ja die eigentliche Fertigung erst im Jahr 1904 anlief — ein Modell des Jahres 1915 bekam also eine Ziffern-Buchstaben-Kombination beginnend mit „11". Ab 1916 ging man jedoch dazu über, die einzelnen Modelle nach ihrem tatsächlichen Produktionsjahr zu benennen, so daß die Ziffernbezeichnung oftmals sogar weggelassen wurde. Diese T ist ein serienmäßig als Rennmaschine konzipiertes Modell mit speziellem Hochleistungstriebwerk, zu erkennen an den exponierten Ventilfedern der Auslaßseite. Die Tretpedale deuten auf ein Einganggetriebe hin (Maschinen mit Dreiganggetriebe besaßen rechts ein „Step Starter"-Pedal), die Beleuchtung erfolgt mittels Acetylenscheinwerfer. Im Unterschied zu den regulären Serienmodellen weist diese Maschine keine dekorativen Zierlinien auf.

HARLEY-
DAVIDSON

HARLEY-
DAVIDSON

MOTOR
HARLEY-DAVIDSON
CYCLES
PATENTED

1916
J

Stilistisch gesehen bedeuteten die Harley-Davidsons des Jahres 1916 einen enormen Fortschritt. Die Benzintanks wiesen nun nicht mehr scharfkantige, sondern leicht gerundete Kanten auf, und Modelle mit Dreiganggetriebe verzichteten von nun an auf die optisch nicht gerade vorteilhaften Tretpedale (der Startvorgang erfolgte jetzt mittels eines nach hinten zu tretenden „Kickstarters"). *Oben, von links:* Die Ansaugstutzen der 1916er V-Twins waren aus Gründen gleichmäßigerer Strömungsverhältnisse jetzt leicht gebogen. Die elektrische Beleuchtung hatte man bereits ein Jahr zuvor eingeführt. Die hinter dem Motor angeordnete Magnetzündung wurde mittels Zündschlüssel ein- und ausgeschaltet — sicherlich einer der ersten Versuche, potentielle Diebe wirksam abzuschrecken.

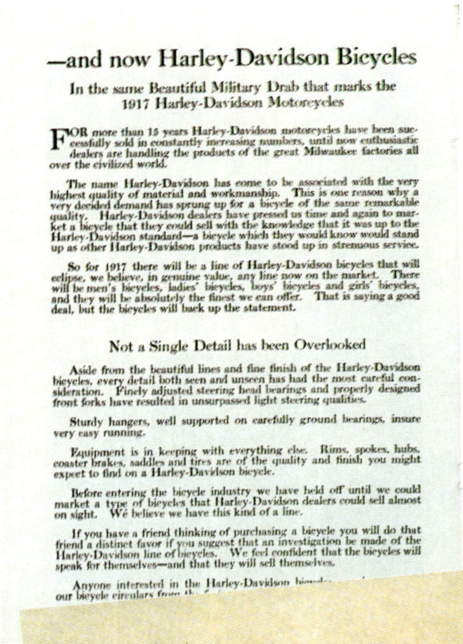

—and now Harley-Davidson Bicycles

In the same Beautiful Military Drab that marks the 1917 Harley-Davidson Motorcycles

FOR more than 15 years Harley-Davidson motorcycles have been successfully sold in constantly increasing numbers, until now enthusiastic dealers are handling the products of the great Milwaukee factories all over the civilized world.

The name Harley-Davidson has come to be associated with the very highest quality of material and workmanship. This is one reason why a very decided demand has sprung up for a bicycle of the same remarkable quality. Harley-Davidson dealers have pressed us time and again to market a bicycle that they could sell with the knowledge that it was up to the Harley-Davidson standard—a bicycle which they would know would stand up as other Harley-Davidson products have stood up in strenuous service.

So for 1917 there will be a line of Harley-Davidson bicycles that will eclipse, we believe, in genuine value, any line now on the market. There will be men's bicycles, ladies' bicycles, boys' bicycles and girls' bicycles, and they will be absolutely the finest we can offer. That is saying a good deal, but the bicycles will back up the statement.

Not a Single Detail has been Overlooked

Aside from the beautiful lines and fine finish of the Harley-Davidson bicycles, every detail both seen and unseen has had the most careful consideration. Finely adjusted steering head bearings and properly designed front forks have resulted in unsurpassed light steering qualities.

Sturdy hangers, well supported on carefully ground bearings, insure very easy running.

Equipment is in keeping with everything else. Rims, spokes, hubs, coaster brakes, saddles and tires are of the quality and finish you might expect to find on a Harley-Davidson bicycle.

Before entering the bicycle industry we have held off until we could market a type of bicycles that Harley-Davidson dealers could sell almost on sight. We believe we have this kind of a line.

If you have a friend thinking of purchasing a bicycle you will do that friend a distinct favor if you suggest that an investigation be made of the Harley-Davidson line of bicycles. We feel confident that the bicycles will speak for themselves—and that they will sell themselves.

Anyone interested in the Harley-Davidson [illegible] our bicycle circulars from [illegible]

1

A Harley-Davidson Surprise —The New "Master 17"

We want you to see this new motor perform. The first time you handle it the sensation will force itself upon you that the motor is running away with itself.

"Pep" is the one word which best describes its performance.

A giant in power, this motor has the "jump," "punch," "getaway," and that extra burst of speed that will make it the *talk of the trade.*

Such *snap* has never been built into a motor before.

Slowed down on a hill it will pull, *and keep on pulling.*

We believe this motor will *outrun* and *outpull* any other stock motor. We make this statement because the Harley-Davidson has won every big race of the past season, and each one of these contests has taught us something new about motor performance, and all of this experience has been built into the 1917 twin motor.

Every feature, every detail, every refinement which the Harley-Davidson engineers have incorporated into this model 17 twin motor to give it its extra burst of speed and additional ounce of terrific smashing power has actually given it additional life and added to its reliability and endurance qualities.

The new 1917 twin motor is the result of concentration on one ideal—to produce *absolutely the best* motorcycle motor possible to make, regardless of the cost of production.

More speed—more power—faster getaway—increased flexibility—ability to run slower—more pulling power when running slowly—increased gasoline economy—lower motor temperature—more silent operation—all these extremely desirable superior points of performance have been attained through the following 1917 features:

High velocity non-condensing intake manifold.

Roller bearings on drive side of crank shaft.

Hardened and ground steel washer in flywheel to reduce friction.

Improved silent acting cams.

Ventilated intake housing cap.

Intake valves with 30 degree seats.

Longer intake valve stem guides.

Longer intake valve springs.

Intake valve lifter arms fitted with rollers.

Enclosed push rod springs.

More coils in exaust valve springs.

Larger carburetor air valve.

Three- point air valve spring tension adjustment to compensate for atmospheric changes.

New carburetor needle valve cam.

Larger auxiliary air shutter on carburetor.

2

3

1. Ab 1917 produzierte Harley-Davidson ebenfalls Fahrräder. Diese Werbeanzeige stammt aus einer Verkaufsbroschüre für die Motorräder aus gleichem Hause. Wie die Motorräder präsentierten sich auch die Fahrräder im „Beautiful Military Drab" (drab – sandbraun). **2.** Schmeichelnde Werbeworte erhielt 1917 auch das neue „Master 17"-Triebwerk, das nicht nur ausreichend „jump", „punch" und „getaway" besaß, sondern nur aus einer einzigen Maxime heraus entstanden war: „to produce absolutely the best motorcycle motor". **3.** Diese romantische Campingszenerie zierte den Einband des Verkaufskatalogs desselben Jahres. Wie der gute Mann seine Ausrüstung – einschließlich des Kanus – in die ländliche Idylle transportiert hat, wird wohl für immer ein Geheimnis bleiben. **4.** Harley zu fahren ist eins, seinen vorgesetzten Offizier herumkutschieren zu müssen sicherlich etwas anderes – zumindest will uns dies die gequälte Mine des auf einem 1915er Modell sitzenden Soldaten suggerieren.

4

1909 1910 1911

Die Ford Motor Company präsentiert 1908 das Model T für den Modelljahrgang 1909; 15 Millionen Exemplare sollten folgen.

1909 erfährt der Benzintank eine konstruktive Umgestaltung. Ebenfalls neu sind die nun verwendeten Bowdenzüge und eine auf Wunsch erhältliche Magnetzündung. Grau verbleibt als einziger Farbton.

Harleys erster V-Twin mit einem Hubraum von 49,48 Kubikzoll (811 ccm) geht 1909 in Serie.

1910 wird der V-Twin übergangsweise aus dem Programm genommen, um diverse Kinderkrankheiten auszumerzen.

In demselben Jahr beginnt Arthur Davidson im Nordosten der USA mit dem Aufbau eines Händlernetzes.

1911 betritt der V-Twin erneut die Bühne, diesmal statt mit uneffizientem Schnüffelventil mit mechanisch gesteuertem Einlaßventil; ein Spannmechanismus verhindert Schlupf am Lederriemen des Hinterradantriebs.

1

2

3

1. Solch rudimentär anmutende Maschinen sah man 1917 auf den Dirt-Track-Pisten Amerikas. **2.** Der auf den Tank geschnallte Lederfetzen dürfte nicht sonderlich bequem gewesen sein – sicherlich einer der Gründe, warum die Harley-Piloten die Konkurrenz mit sehr schnellen Rundenzeiten in Grund und Boden fuhren. **3.** Minimalistische Auspuffrohre dienten wohl offensichtlich der Leistungssteigerung – ganz gewiß jedoch nicht dem akustischen Wohlbefinden.

© Harley-Davidson

1

1. Diese V-Twin von 1914 zeigt sich gut gerüstet nicht nur für den Alltagseinsatz. Seitenwagen, Gasbeleuchtung (mit am Rahmenheck montiertem Gastank) und Gepäckträger erlauben auch ausgedehntere Touren. 1914 wurden u.a. eingeführt: Trittbretter, Zweigang-Hinterradnabe, Innenbandbremse hinten sowie gekapselte Auslaßventilfedern. **2.** So sah im Jahre 1917 die Transportverpackung einer Harley aus. Der Hinweis „some assembly required“ dürfte allerdings etwas untertrieben gewesen sein.

© Harley-Davidson

2

1912 1913

Das Jahr 1912 bringt verschiedene Modifikationen mit sich: Der Rahmenoberzug wird zwecks niedrigerer Sitzhöhe im Bereich des Sattels abgekröpft; der Schwingsattel wird eingeführt; eine V-Twin-Version mit einem Hubraum von 61 cu.in. (1000 ccm) debütiert, sie ist die erste Harley-Davidson mit Kettenantrieb; die Motorschmierung der V-Twins wird durch eine Handpumpe ergänzt; eine Freilaufeinrichtung in der Hinterradnabe ermöglicht ein gleichmäßigeres Anfahrverhalten.

Die S.S. Titanic sinkt 1912 während ihrer Jungfernfahrt.

Woodrow Wilson tritt die erste von zwei Amtsperioden an.

1913 erhalten alle Modelle mechanisch gesteuerte Einlaßventile.

1913 eröffnet in Pittsburgh die erste befahrbare Tankstelle. Bis zu diesem Zeitpunkt wurde Benzin nur in Haushaltswarengeschäften oder Warenhäusern verkauft.

1

2

3

4

5

1. Die Fotografie eines harleyfahrenden Pärchens diente als Druckvorlage für diese Zierdecke. **2.** Diese Zierdecke zeigt, daß auch das zarte Geschlecht die Vorzüge einer Harley-Davidson zu schätzen wußte. **3.** Leslie (Red) Parkhurst zeigte sein rennfahrerisches Können auch auf solchen zeitgenössischen Postkarten. **4.** Vier junge Männer und ihre schwer bepackten Harleys aus dem frühen zweiten Jahrzehnt unseres Jahrhunderts kurz vor ihrem Aufbruch zu einer längeren Motorradreise. **5.** 1916 eingeführt, präsentierte sich der Achtventil-V-Twin mit acht obengesteuerten Ventilen – jeweils zwei Einlaß- und zwei Auslaßventile – in hemisphärischen Brennräumen. Leider setzte Harley-Davidson dieses exotische Triebwerk ausschließlich zu Rennzwecken ein.

1917
F

Der Wechsel vom bisherigen grauen Lackton zu Olivgrün war die bedeutsamste Modellpflegemaßnahme für das Jahr 1917 und sicherlich stark beeinflußt vom nahenden Eintritt der Vereinigten Staaten in den ersten Weltkrieg. Obwohl diese Seitenwagenausführung des Modells F mit seinem „5-35"-Triebwerk (5 PS aus 35 Kubikzoll) zweifellos untermotorisiert war, ließ sich der Leistungsmangel teilweise wieder durch das verbaute Dreiganggetriebe ausgleichen. Der vertikale Hebel links neben dem Tank dient dem Gangwechsel, der Hebel dahinter der Kupplungsbetätigung. Die Kupplung konnte allerdings auch per Fußwippe aktiviert werden.

1917 Twin

Das Modelljahr 1917 wartete mit diversen Modifikationen an den seitengesteuerten V-Twin-Triebwerken auf, einschließlich neuer Nockenwellen mit optimierter Nockenform für die Achtventil-Rennmaschinen. Ebenfalls neu waren gekapselte Ventilfedern im Einlaßbereich, die man allerdings nur den V-Twins vorbehielt.

Oben links: Der ehemals zweigeteilte Tank – rechte Hälfte für Benzin, linke Hälfte für Motoröl – wies nun drei Unterteilungen auf, erkennbar an den drei Verschlußdeckeln. Die linke Seite war nun zusätzlich für die Befüllung mit Öl und Benzin unterteilt.

Oben rechts: Frühe Modelle mit Tretpedalen verfügten am Hinterrad über Innenbandbremsen, die bei den mit Kickstarter ausgerüsteten Modellen der zwanziger Jahre in ihrer Wirkung durch zusätzliche Außenbandbremsen unterstützt wurden.

Links: 1917er V-Twin-Modelle besaßen eine Kickstartvorrichtung, Einzylindermaschinen weiterhin Tretpedale.

1

2

3

1. Dieser elegante Gentleman nimmt in Begleitung von Harley-Gespann und Familie teil an einer festlichen Parade. **2.** 1916 führte Harley-Davidson die V-Twin-Rennaggregate mit Achtventiltechnik ein, von denen allerdings nur eine Handvoll gebaut wurden. Dieses Triebwerk ist eins der letzten entstandenen Exemplare. Die fehlenden Auspuffkrümmer sorgten für eindrucksvolles Flammenspiel. **3.** Diese beiden Herren sind gut gerüstet für einen herben Ritt durchs Unterholz. Der rechte Fahrer vertraut dabei allerdings auf eine Indian, eine kleine Geschmacksverirrung, über die der Harley-Pilot großzügig hinwegsieht.

1914
1915
1916

1914 fließen weitere Neuerungen in die Serienproduktion ein: Ein „Step Starter" ermöglicht ein problemloseres Antreten des Motors; Kupplungs- und Bremspedale werden ergänzt durch entsprechende Handhebel; Trittbretter werden eingeführt; auf Wunsch ist eine Zweigang-Hinterradnabe erhältlich; Hinterradbremse nun mit doppelter Wirkung, als innen expandierende Trommelbremse mit außen auf die Trommel wirkendem Bremsband.

Das Werksgelände wächst auf über 27 000 Quadratmeter.

Erzherzog Ferdinand von Österreich fällt 1914 einem Attentat zum Opfer, der Weltfrieden ebenso.

Das Jahr 1915 bringt ein Schieberadgetriebe mit drei Gängen, ein elektrisches Beleuchtungssystem und eine automatisch geregelte Ölzufuhr.

Zwischen New York und San Francisco findet das erste transkontinentale Telefongespräch statt.

1916 erhalten alle Modelle ergonomischer geformte Benzintanks; Zwei- und Dreigangmodelle bekommen Kickstarter, die übrigen Modelle behalten weiterhin ihre Pedale.

1916 debütieren die ersten Vier- und Achtventilrennmotoren.

1

2

3

4

1. Diese Aufnahme zeigt die Geschäftsräume eines Harley-Händlers kurz vor Anbruch der zwanziger Jahre. Fahrräder und Ersatzteile stellten damals noch die Mehrheit des Verkaufsangebots. **2.** Dieser Zweiradbegeisterte nutzt sein Gespann auch für winterliche Ausfahrten mit Freunden. Das selbstgebaute Windschild dürfte bei den herrschenden Temperaturen sicherlich keine schlechte Idee gewesen sein. **3.** Auf einer Harley ließen sich nicht nur Erfolge bei Rennen feiern ... **4.** Abenteuerlust, ein robustes Motorrad und ein Reservereifen waren für die damaligen Straßenverhältnisse die unabdingbaren Wegbeleiter der motorradfahrenden Zunft (um 1915).

1

2

3

1917 1918

1917 treten die Vereinigten Staaten in den ersten Weltkrieg ein.

Aus Patriotismus wählt Harley-Davidson im gleichen Jahr für seine Motorräder die Farbe Olive Green.

Harleys Firmenzeitung „The Enthusiast" wird erstmals im Jahre 1917 veröffentlicht und kostenlos an interessierte Motorradfahrer ausgegeben.

1918 ist Harley-Davidson der größte Motorradhersteller der Welt.

Am 11. November 1918 unterzeichnet Deutschland ein Waffenstillstandsabkommen. Der Krieg aller Kriege ist vorbei.

Eine Grippeepidemie fordert 1920 weltweit 20 Millionen Opfer.

Harleys Werksrennmannschaft verdient sich den Namen „Wrecking Crew", da sie in den Jahren 1915–21 sämtliche Konkurrenten in Grund und Boden fahren.

1

2

Linke Seite: **1.** Dudley B. Perkins, Harley-Davidson-Händler in San Francisco, demonstriert im ausgehenden zweiten Jahrzehnt der Harley-Zeitrechnung die Tauglichkeit seiner Fahrzeuge während eines Bergrennens. **2.** Diese zeitgenössische Postkarte zeigt Rennfahrer Ralph Hepburn, Gewinner des „200-Mile National Championship“ im Jahre 1919. **3.** Diese unrestauriert überlieferte Single von 1915 wurde von einem Privatfahrer bei Board-Track-Rennen auf Holzparkettpisten eingesetzt.

Diese Seite: **1.** Von 1917 bis 1922 verkaufte Harley-Davidson auch Fahrräder. **2.** Harley-Davidson pries Einzylindermodelle nach wie vor als die günstigste Art der motorisierten Fortbewegung an, doch bei der Kundschaft standen in erster Linie die Fahrleistungen. **3.** Früh übt sich, wer später einmal ein solches Harley-Gespann über Land bewegen will. **4.** Dieses bronzene Emblem zierte die Lenkköpfe der Harley-Fahrräder. **5.** Flat-Track-Piloten schützten ihren Driftfuß mit solchen stählernen Schuhkappen.

3

4

5

1918
J

Die J war das leistungsstärkste und teuerste Modell, das Harley-Davidson für das Modelljahr 1918 anzubieten hatte. Hervorragend geeignet für den Betrieb mit Seitenwagen, bot das Gespann erhöhten Sitzkomfort und verbesserten Wetterschutz — allerdings nur dem Beibootpassagier.

Rechte Seite unten, von links: Die Schaltkulisse bot vier Hebelpositionen, von „Low" (ganz vorn) über „Neutral", „Second" zu „High". Auf dem Tank montierte Tachometer, angetrieben über einen Zahnradtrieb an der Hinterradnabe, wurden 1915 eingeführt. Ebenso wie der Scheinwerfer verfügte auch das Rücklicht über eine Gasversorgung. Der Gastank, gefüllt mit Acetylen, war praktischerweise mit einer Meßuhr versehen (hier ist der Tank allerdings verdreht eingebaut). Das Signalhorn von Samson Lion aktivierte der Fahrer per Handdruck auf den nach oben herausgeführten Stößel.

HARLEY-DAVIDSON
HARLEY-DAVIDSON

MILES PER HOUR
HARLEY-DAVIDSON
TOTAL
TRIP
JOHNS-MANVILLE
MODEL 210 AA

PERFECTION

1918 Sport

Einen ganz eigentümlichen Weg beschritt Harley-Davidson mit der Sport, die, Mitte des Jahres 1919 eingeführt, der enorm erfolgreichen und von einem V-Twin befeuerten Indian Sport Scout Paroli bieten sollte.

Diese Seite, oben und unten: Harleys Sport verfügte über einen längs eingebauten Zweizylinder-Boxermotor mit einem Hubraum von 35,6 cu.in. (584 ccm) und Dreiganggetriebe.

Mitte, von links: Abgesehen einmal von der unkonventionellen Motorkonstruktion, bewegte sich die Sport auf traditionellen Harley-Pfaden: olivgrüne Lackierung, Zylinderschalldämpfer, Federsattel sowie unterteilter Tank für Kraftstoff und Motoröl. Der Sport gelang es jedoch nicht, Indian allzuviele Käufer abzuwerben, und somit verschwand dieses eher untypische Harley-Modell nach 1923 wieder in der Versenkung.

1920 L20T

Die Modellpalette des Jahres 1920 umfaßte zwei Modelle, zum einen die Sport mit längs liegendem Boxermotor und zum anderen die V-Twin mit 61 cu.in.-Triebwerk. Modifiziert präsentierten sich für 1920 unter anderem die Kühlrippen des V-Twin-Zylinderkopfs, die nun stärker gerundet waren *(links)*, sowie die Anordnung des Scheinwerfers, der jetzt oberhalb des Signalhorns montiert war. Modelle mit elektrischer Beleuchtung (wie diese hier gezeigte Maschine) stattete man mit hauseigenen Lichtmaschinen aus; zur Kontrolle des Batteriestroms diente ein am Batteriekasten angebrachtes Amperemeter *(kleines Bild rechts)*. Das elektrische Rücklicht *(kleines Bild links)* beleuchtete gleichzeitig das Kennzeichen.

1. Brewster-Grün löste 1922 das patriotische Olivgrün ab, blieb aber nur zwei Jahre lang im Programm. Diese V-Twin von 1923 ist mit dem im gleichen Jahr eingeführten klappbaren Hinterradschutzblech ausgerüstet. Radwechsel sollten auf diese Weise leichter von der Hand gehen. **2.** Obwohl nicht eindeutig als solcher zu erkennen, handelt es sich hier offensichtlich um einen Harley-Davidson-Verkaufsstützpunkt, aufgenommen um 1921. Die berühmte 74-Kubikzoll-Version des seitengesteuerten V-Twins debütierte 1921, gemeinsam mit einem 37-cu. in.-Einzylindermodell für den kommerziellen Einsatz.

1

2

1919
1920

Die Modellpalette für das Jahr 1919 zählt nur V-Twins mit Dreiganggetriebe, wird jedoch Mitte des Jahres ergänzt durch einen seitengesteuerten Zweizylinder-Boxermotor mit einem Hubraum von 35,6 cu. in. (584 ccm).

Jack Dempsey erboxt sich den Titel im Schwergewicht.

1920: Das Modell Sport wird auf Wunsch mit elektrischer Beleuchtung ausgeliefert; alle jüngeren Modelle mit elektrischer Anlage erhalten hauseigene Lichtmaschinen und Zündspulen; der Scheinwerfer befindet sich jetzt über dem Signalhorn.

Die Boston Red Sox transferieren Babe Ruth für 125 000 Dollar an die Yankees.

1920 steigen die Produktionszahlen auf nahezu 29 000 Einheiten, doch schon im Jahr darauf läßt eine Wirtschaftskrise die Zahlen auf gut die Hälfte fallen.

1

2

1. 1920 erhielten die Sport-Modelle elektrische Beleuchtung, 1921 schließlich eine überarbeitete Tankoptik, die nun eine stärkere Ähnlichkeit mit den V-Twins aufwies. **2.** Im Jahre 1914 eröffnete Dudley B. Perkins seinen Harley-Davidson-Stützpunkt, heute ist das Ladengeschäft in San Francisco der älteste Harley-Davidson-Store der Welt. Das über die Schaufensterfront gespannte Spruchband kündigt die neuen Modelle für das Jahr 1922 an, während die Schaufenster in großen Lettern Fahrräder als das ideale Weihnachtsgeschenk anpreisen.

1922 JD

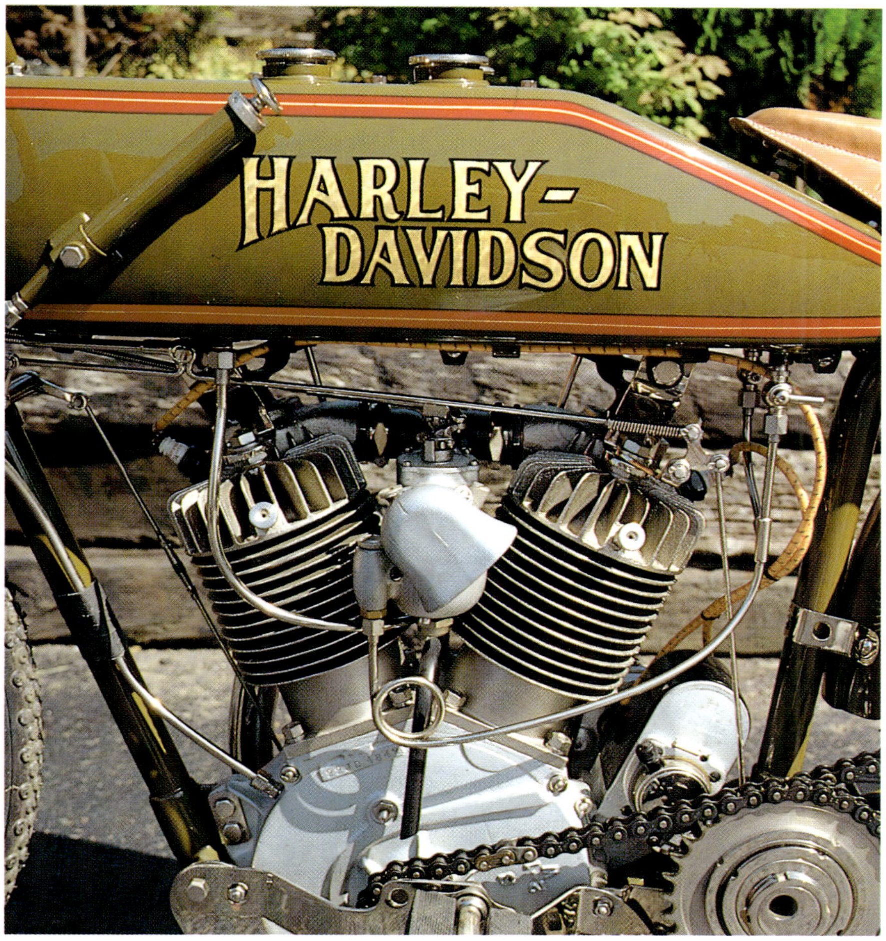

Board-Track-Rennen genossen am Ende der zehner, Anfang der zwanziger Jahre ungeheure Popularität. Die größten Erfolge erfuhr sich dabei Harleys Werksrennteam, dessen alles dominierende Stärke den Fahrern den unmißverständlichen Beinamen „Wrecking Crew" einbrachte. Gegen 1922 aber begann die Werbewirksamkeit der Rennerfolge nachzulassen, woraufhin das Unternehmen sein Rennengagement praktisch einstellte – genau im Zenit des Erfolgs. Dieser Board-Track-Racer vom Typ JD mit 61-Kubikzoll-Triebwerk ist ein typischer Vertreter der damals von Harley-Davidson produzierten Rennmaschinen. Bremsen existierten nicht – Federungskomfort ebensowenig. Der starre Rahmen, die Renngabel in Merkel-Bauweise und der nur dünn gepolsterte Ledersitz forderten vom Fahrer enormes Durchhaltevermögen.

1

2

3

4

1. Seit 1917 gibt Harley-Davidson die Kundenzeitschrift *The Enthusiast* heraus. **2.** Dieses Stillleben zeigt eine V-Twin des Jahres 1920 in Begleitung ihres Fahrers. **3.** Diese Maschine wurde von Carl Doran in den zwanziger Jahren um die berüchtigten Board-Tracks gejagt. **4.** Das Triebwerk ist aufgebaut mit speziellen „Chicago"-Zylindereinheiten, deren Zündkerzen näher im Zentrum der Brennräume plaziert sind. Diese Motoren zeigten sich zwar leistungsstärker, waren jedoch nicht sonderlich zuverlässig.

1920 1921 1922

1920: Der 18. Zusatzartikel zur Verfassung der Vereinigten Staaten von Amerika läutet die Prohibiton ein.

Warren G. Harding wird neuer Präsident der USA.

1921 debütiert der V-Twin mit 74 Kubikzoll, die 61 cu. in.-Version bleibt weiterhin im Programm; der Vorderkotflügel wird zwecks effektiveren Spritzschutzes weiter um den Reifen herumgezogen.

Ein Einzylindermodell mit 37 cu. in. (ein halber Seventy Four also) ergänzt das Programm.

Harley-Davidson ist 1921 aufgrund nachlassender Verkaufszahlen und Expansionskosten erstmalig gezwungen, Arbeitsplätze abzubauen.

Während der Prohibitionszeit weitet das Unternehmen seine Produktionsfläche auf geschlossene Brauereien aus.

1922: Das Werk stellt sein Rennengagement weitestgehend ein; Brewster Green ersetzt Olive Green.

1

1. „Learn to Ride it in the Length of a City Block" war einer der Vorzüge, mit denen Harley-Davidson seine Einzylindermodelle in dieser Verkaufsbroschüre des Jahres 1920 ins rechte Licht rückte. **2.** Bei diesen Herren, abgelichtet um 1923, dürfte es sich gewiß um Polizeioffiziere handeln, zumindest deuten Uniform, Sternabzeichen und Pistolengurt darauf hin. **3.** Dieses Gespann mit Aufziehmechanismus war in den zwanziger Jahren ein beliebtes Spielzeug — und ist es noch heute. **4.** Dieser aufziehbare „Lowrider", ebenfalls aus den Zwanzigern, stammt aus Japan, hergestellt von einer Firma mit dem mysteriösen Namen „Y".

2

3

4

1924 FHAC

Obgleich Harley-Davidson sich nach 1922 nur noch sehr beschränkt im Rennsport engagierte, liefen diverse Rennmodelle auch weiterhin vom Band, wurden aber nur an Privatfahrer verkauft. Die FHAC unterscheidet sich von der früheren JD in nur wenigen, aber wichtigen Punkten. Die Vorderradgabel war (für Harley-Davidson-Verhältnisse) wieder konventionell ausgelegt, ähnlich der Längslenkerkonstruktion der Straßenmaschinen, und der Lenker wies eine andere Form auf. Diese Maschinen erreichten auf den Bretterpisten, den berühmten Board-Tracks, an die 160 Stundenkilometer – für ein Motorrad ohne Bremsen eine beängstigende Geschwindigkeit.

HARLEY-
DAVIDSON

HARLEY-
DAVIDSON

1925 JD

Die Modellreihen des Jahres 1925 warteten mit erheblichen stilistischen Neuerungen auf. Ein neu konstruierter Rahmen ermöglichte eine um gut sieben Zentimeter niedrigere Sattelposition, voluminösere Reifen kleineren Durchmessers verliehen den Maschinen eine gedrungenere Optik und der Benzintank präsentierte sich in der (später) klassischen Tropfenform.

Rechte Seite unten, von links: Der pausbackige Tank diente weiterhin als Reservoir für Benzin und Motoröl. Die unterhalb des Signalhorns angebrachte Werkzeugdose erwies sich zwar als praktisch, rappelte vielen Fahrern jedoch zu sehr, so daß sie oftmals entfernt wurde. Ein ergonomisch geformter Sattel ersetzte die frühere flache Ausführung und ließ sich in sechs verschiedenen Positionen arretieren.

HARLEY-DAVIDSON

NEUTRAL
GAS
HIGH

1925 J

Seitenwagen zählten in den Anfängen der Historie der Motorräder zu den beliebtesten Zubehörartikeln. Sie erlaubten nicht nur die Beförderung von Passagieren, sondern garantierten dem Fahrer auch bei Schnee oder rutschigen Wetterverhältnissen ein sicheres Fahrgefühl. Blattfederaufhängung, gepolsterter Sitz und Einstiegstür boten dem Beifahrer bei weitem mehr Komfort als dem Fahrer selbst.

Diese Seite, oben links: Der gebogene silberfarbene Handhebel diente neben der Fußwippe ebenfalls zur Kupplungsbetätigung.

1

3

2

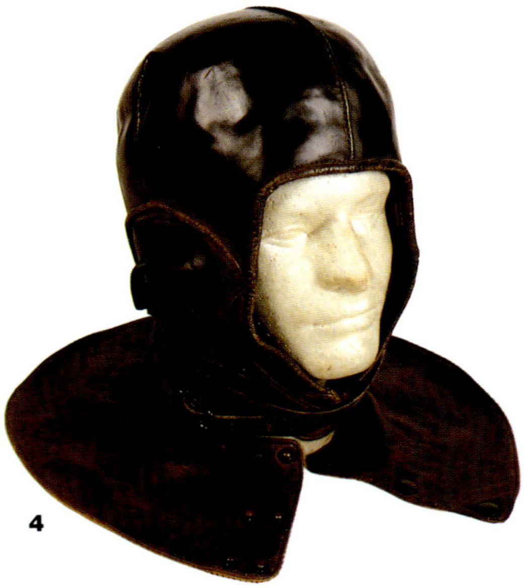

4

1923
1924
1925

Hinterradkotflügel mit klappbarem Endstück erleichtern ab 1923 die Radmontage; die Sport mit Längsboxer wird aus dem Programm genommen.

1923 senkt Henry Ford den Preis seines Model T auf unter $ 300, und versetzt damit der Motorradindustrie einen herben Schlag.

Das Motorrad, nun zum Luxusgegenstand degradiert, kämpft mit weiter fallenden Verkaufszahlen.

1924 wird Olivgrün erneut als Standardfarbe eingeführt; ein kastenförmiger Schalldämpfer sorgt für leisere Auspufftöne.

Calvin Coolidge wird zum Präsidenten der USA gewählt.

Walter P. Chrysler gründet die Chrysler Corporation.

Das Jahr 1925 bringt einschneidende optische Veränderungen: Ein neuer Rahmen verringert die Sitzhöhe um gute sieben Zentimeter; der Tank erhält eine tropfenartige Form; die Radgröße schrumpft von 22 auf 20 Zoll; der Sattel ist nun ergonomisch geformt; ein langes Schalldämpferrohr mit schlitzförmigem Austritt ersetzt die vorherige Konstruktion.

Linke Seite:

1. Diese Plakatwand aus dem Jahr 1926 bewirbt die 21-Kubikzoll-Einzylinder (344 ccm) als enorm wirtschaftliches Motorrad. Gerade einmal 3,5 Liter Kraftstoff liefen auf 100 Kilometern durch den Vergaser. **2.** Das Harley-Davidson-Museum bietet viel fürs Auge, so auch dieses Stilleben mit 1926er Single und drei eindeutig gekleideten Harley-Fans. **3.** Wartungs- und Sicherheitshinweise entnahm der Harley-Fahrer der Frühzeit einem solchen „Rider's Hand Book", veröffentlicht 1926. **4.** Dieser Lederhelm galt in den zwanziger Jahren als das Nonplusultra in Sachen Kopfschutz.

1

2

4

3

Diese Seite:

1. Diese offizielle Verkaufsbroschüre des Jahres 1927 präsentiert die vier Firmenväter und sechs Gründe, eine Harley-Davidson zu fahren. **2.** Seitenwagen wurden gleichsam in Einsitzer- und Zweisitzerversion angeboten. **3.** Diese Verkaufsbroschüre des Jahres 1927 listet als Preis für eine Single vom Typ B mit 21 cu. in.-Triebwerk $ 235, für das V-Twin-Modell J mit 61 cu. in.-Aggregat $ 310. **4.** Der gegenüber der J erhobene Aufpreis von nur $ 10 für den 74-Kubikzoll-V-Twin machte die potentere JD geradwegs zu einem Sonderangebot.

1927
B

Harleys Einzylindermodell war zwar preisgünstig zu erstehen und wirtschaftlich im Unterhalt, verkaufte sich aber nur zögerlich. Das 21-Kubikzoll-Triebwerk (344 ccm) wurde in zwei Varianten angeboten, einmal als Seitenventiler mit 8 PS und einmal als obengesteuerter Motor mit kräftigeren 12 PS – entsprechend einer Mehrleistung von 50 Prozent. Das hier abgebildete seitengesteuerte Modell verfügt über elektrische Beleuchtung, eine Option, die auf Bestellung verbaut wurde. Solcherart ausgestattete Modelle besaßen neben Lichtmaschine und Batterie *(rechte Seite, oben rechts)* ebenfalls eine Schaltereinheit oberhalb des Tanks *(rechts)*. Der günstigere Kaufpreis und die unkompliziertere Technik ließen das seitengesteuerte Modell *(rechte Seite, oben links)* stärker in der Publikumsgunst steigen als die Variante mit obengesteuertem Triebwerk.

HARLEY-
DAVIDSON

Harley-
Davidson

1

2

1. Leistungsstarke Doppelnockentriebwerke (in wechselgesteuerter Ventilkonfiguration) existierten bereits ab 1919, wurden jedoch nur an Rennfahrer verkauft. Offiziell in den Handel kamen sie erst 1928, und dann gleich in Form zweier Modelle: der JH mit 61 und der JDH mit 74 Kubikzoll. Diese 1928er Two Cam nahm teil am Jack-Pine-Endurorennen. Die Tankbeschriftung entstammt den Jahren 1936–39. **2.** Helm und Wams als Minimalschutz bei den lebensgefährlichen Board-Track-Rennen der zwanziger Jahre – nicht nur bei Carl Doran. **3.** Lederjacke und Polizeiabzeichen wappneten diesen Ordnungshüter gegen Wind, Wetter und andere feindliche Elemente.

3

1926
1927
1928

Einzylindermodelle mit 21-cu.in.-Triebwerken werden eingeführt. Die als Seitenventiler oder mit obengesteuerter Ventilkonfiguration angebotenen Maschinen erwerben sich aufgrund ihres trockenen Auspuffgeräusch sehr schnell den Beinamen „Peashooter“. Optionale Lackfarben (dominierend dabei der Farbton Weiß) ergänzen zwar die olivgrüne Einheitsfarbe, finden in den Verkaufskatalogen dieses Jahres jedoch noch keine Erwähnung.

Jack Dempsey verliert 1926 seinen Schwergewichtstitel an Gene Tunney.

1927 erhalten die Big Twins eine kontaktlose Zündanlage mit Doppelzündung.

Jack Sharkey übernimmt nach dem Rücktritt von Gene Tunney den Schwergewichtstitel.

Herbert Hoover tritt die erste von zwei Amtsperioden an.

1928 führt Harley-Davidson Two Cam-Modelle mit 61 und 74 Kubikzoll ein, ausgestattet mit kleinerem Benzintank und von 20 auf 18 Zoll verringerter Radgröße; Big Twins erhalten erstmalig Vorderradbremsen.

1928 wird die Farbpalette offiziell um weitere optionale Farbtöne ergänzt; gegen einen Aufpreis von $ 3 kann der Kunde nun wählen zwischen Coach Green, Azure Blue, Police Blue und Maroon. Cream und White kosten $ 27, „all other colors“ $ 24 extra.

1

2

3

1. 1926 führte man Weiß als optionale Lackfarbe ein, 1928 kamen Maroon, Coach Green, Police Blue und Azure Blue hinzu. **2.** JDH-Modelle mit Two-Cam-Aggregaten zählten zu den schnellsten Serienmaschinen der damaligen Zeit. Besondere Merkmale waren der kleinere Benzintank und die 18 statt 20 Zoll messenden Räder. **3.** Standardfarbe war nach wie vor Olive Green, hier gezeigt an einer JD des Jahres 1928; im gleichen Jahr kamen erstmalig Vorderradbremsen zum Einsatz. **4.** Dieser Harley-Fahrer zeigt sich gut gerüstet für eine kalte Überlandfahrt, aufgenommen in den zwanziger Jahren.

4

1927
JD

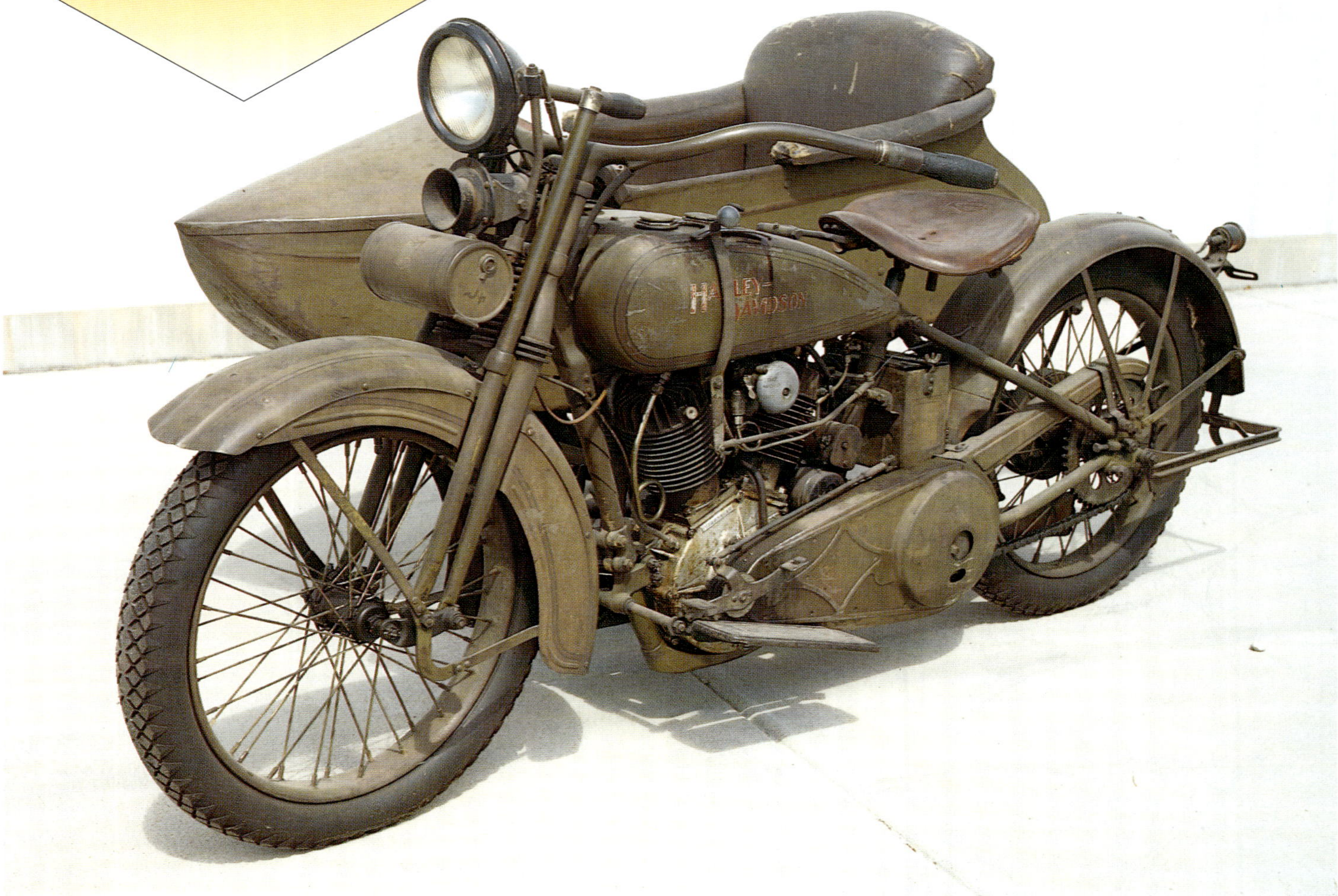

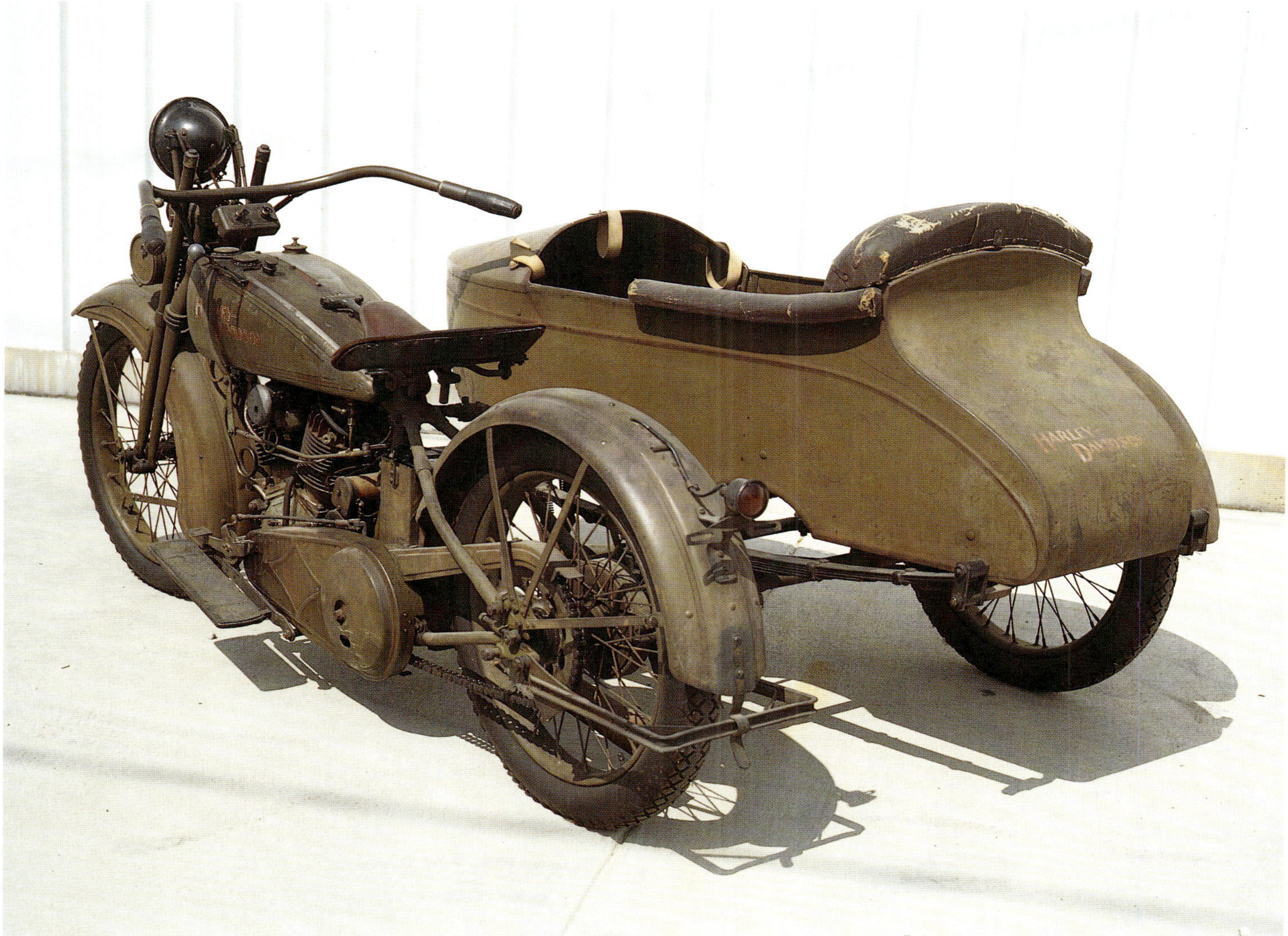

Es ist selten, daß ein Motorrad dieses Alters dem Zahn der Zeit in derart gutem Zustand trotzen konnte wie dieses Gespann aus dem Jahre 1927. Diejenigen Fahrzeuge, denen dieses Kunststück gelungen ist, stehen in der Regel ebenso hoch im Kurs wie vollkommen neuwertige Exemplare. Ausgebleicht und wettergegerbt wirkt Harleys olivgrüne Farbe wie eine echte Militärlackierung. Bemerkenswerteste Neuerung an allen V-Twins des Jahres 1927 war sicherlich die kontaktlose Zündung, für die Harley-Davidson sogar Wasserunempfindlichkeit garantierte. Beide Zündkerzen lieferten jeweils zwei kurz aufeinanderfolgende Zündfunken, wobei der zweite Zündfunke das ausströmende Restgemisch nachzündete – ein Prinzip, das Harley über Jahre hinweg verwendete.

Mitte links: Die verschiedenen Positionen für den Chokehebel waren in das Gehäuse des Luftfilters eingraviert. *Unten links:* Schlüsselschalter aktivierten Zündung und Beleuchtung.

Die Flathead-Ära

Im Spätsommer des Jahres 1929 stellte Harley-Davidson jenen legendären seitengesteuerten V-Twin vor, der mit seinen 45 Kubikzoll (738 ccm) als „Flathead“ in die Motorradgeschichte eingehen und noch bis ins Jahr 1973 als Antriebsaggregat der dreirädrigen Servi-Cars in Produktion bleiben sollte. Im Lauf der Jahre kam der Flathead-Twin nicht nur in den amerikanischen Militärmaschinen des zweiten Weltkriegs zum Einsatz, sondern bildete auch die Basis für die Dirt-Track-Erfolge der Marke in den ausgehenden vierziger und den fünfziger Jahren. Obwohl großvolumigere Varianten mit 74 und 80 Kubikzoll folgten, war es doch der gute alte „Forty-five“, der sich mit seiner sprichwörtlichen Zuverlässigkeit einen Ruhmesplatz im Motorenolymp erkämpfte.

Das Seitenventilkonzept erschien zwar vordergründig als technologischer Rückschritt, eroberte aber unter der Regie von Indian, dem zur damaligen Zeit größten Konkurrenten der Milwaukeer Edelschmiede, sehr schnell den Publikumsgeschmack – sehr zum Leidwesen von Harley-Davidson. Erwiesen sich obengesteuerte und selbst wechselgesteuerte Ventilkonfigurationen in der Theorie als erheblich leistungsfähiger, so hatten die Seitenventiler mittlerweile einen technologischen Stand erreicht, der durchaus beeindruckende Leistungswerte aus einer einfach zu wartenden Motorkonzeption zu schöpfen vermochte. Unkomplizierte Technik galt in den zwanziger Jahren – weitaus mehr als in der heutigen Zeit – als das Maß der Dinge, und so verwunderte es nicht, daß Indian dem anerkannt größten Motorradhersteller der Welt zunehmend Marktanteile streitig machte.

Die Einführung eines eigenen „Flathead“-Modells brachte Harley-Davidson allerdings nicht die erwünschten Verkaufszahlen, wenn auch die Gründe hierfür sicherlich nicht im Motorrad selbst zu suchen waren. Das Debüt des neuen Erfolgsbereiters fand nämlich zum denkbar schlechtesten Zeitpunkt statt, den sich ein absatzorientiertes Unternehmen nur wünschen kann. Die größte Finanzkrise, die die Vereinigten Staaten bis dahin erlebt hatten, vereitelte innerhalb kürzester Zeit jegliche Aussicht auf einen kurzfristigen Erfolg.

Bereits wenige Monate nach der Präsentation des neuen Modells kam es an der New Yorker Wall Street zum unsäglichen Börsenfiasko des 29. Oktober 1929, dem „Schwarzen Dienstag“ in der Geschichte der Vereinigten Staaten von Amerika. Betrugen die Verkaufszahlen des Jahres 1929 noch 21 000 Einheiten, so fielen sie bis zum Jahr 1933, der schwärzesten Phase der Großen Depression, auf unbedeutende 4000 Einheiten zurück.

In den dreißiger Jahren erholte sich die amerikanische Wirtschaft in kleinen Schritten wieder von der Krise – ebenso die Absatzzahlen in Milwaukee. Kurz nach Einführung der Forty-five kam Harley-Davidson mit einem 74 cu. in.-V-Twin in Flathead-Bauweise auf den Markt. Frühe Seventy-fours litten jedoch unter diversen Kinderkrankheiten, die aber innerhalb kurzer Zeit kuriert werden konnten und so dem Triebwerk die erwünschte Zuverlässigkeit bescherten – und damit auch die angestrebten Verkaufszahlen. Ungefähr zur gleichen Zeit debütierte ein seitengesteuertes Einzylindermodell mit einem Hubraum von 30,50 cu. in. (500 ccm), das als „Thirty-fifty“ in die Firmenannalen eingehen sollte.

Aus dem Jahre 1929 stammende Vergleichsmessungen bescheinigen den Seventy-four-V-Twins leichte Leistungsvorteile gegenüber den gleichvolumigen wechselgesteuerten Triebwerken, wobei diese Vorteile sich (überraschenderweise) vornehmlich bei hohen Drehzahlen herauskristallisierten. Auf der Straße boten die Flatheads eine etwas höhere Endgeschwindigkeit, die Beschleunigungswerte jedoch unterschieden sich aufgrund des geringfügig höheren Fahrzeuggewichts kaum voneinander.

Standen während dieser Phase in erster Linie die V-Twins im Mittelpunkt des Interesses, so führte Harley-Davidson die Produktion der seitengesteuerten und obengesteuerten 21 cu. in.-Einzylindermodelle (die legendären „Peashooter“) unbeirrt fort. Der 1930 vorgestellte Thirty-fifty-Single jedoch beendete die Peashooter-Ära, die 1932 zwar wiederauflebte, einige Jahre später jedoch dann endgültig der Vergangenheit angehörte. Ebenfalls 1932 debütierten die dreirädrigen Servi-Cars, angetrieben vom altbekannten 45 cu. in.-V-Twin. Die stark vom Expansionsgedanken geprägte Firmenpolitik drängte mit ihren Produkten aber auch in andere Marktsegmente. So entstanden unter anderem ein Motorentrio (Einzylinder, V-Twin und Boxer) für gewerbliche Einsatzzwecke, spezielle Polizeimotorräder und ein für Straßenmeistereien konzipiertes Lackierfahrzeug, mit dem man Mittelstreifen auf Straßenbeläge aufbringen konnte. Ein V-Twin mit 80-Kubikzoll-Aggregat (1311 ccm) rundete im Spätjahr 1935 schließlich die Produktpalette ab.

Obgleich der seitengesteuerte Flathead Harley-Davidson Ruhm und Ansehen brachte, ruhten sich die Milwaukeer Ingenieure nicht auf ihren Lorbeeren aus, sondern begannen 1931 mit der Entwicklung eines obengesteuerten V-Twins, der sich nach seiner Einführung im Jahre 1936 als monumentaler Schritt in eine noch erfolgreichere Zukunft erweisen sollte.

Aber selbst die Konkurrenz aus eigenem Hause vermochte nicht das Lebenslicht der legendären Flatheads auszulöschen. Bis Mitte der fünfziger Jahre liefen Flatheads und ohv-Triebwerke einträchtig vom Band. Und wie eingangs bereits erwähnt, schöpften die berühmten Servi-Cars sogar bis ins Jahr 1973 ihre Kraft aus den unverwüstlichen Flathead-Motoren. Es kommt also nicht von ungefähr, daß die Motorräder aus Milwaukee, die unter dem Markennamen „Harley-Davidson“ ihren Siegeszug um die ganze Welt antraten, bis in die heutige Zeit als Synonym für zuverlässige und unkomplizierte Technik gelten.

1

1. Das erste Modell aus der neuen Flathead-Baureihe debütierte mit dem für Harley neuen Hubraummaß von 45 Kubikzoll (738 ccm). Offiziell auch als „Forty-five“ betitelt, sollte die neue Modellreihe gegen Indians mittelvolumige Maschinen antreten. Der vertikal links neben dem vorderen Zylinder angebrachte Generator veranlaßte insbesondere Indian-Fahrer, die Neue als Dreizylinder-Harley zu bespötteln. **2.** Das Instrumentenpaneel dieser 1929er Seventy-four-JD verfügt über eine kleine Amperemeterleuchte.

2

1929

Im Juli des Jahres 1928 präsentiert Harley-Davidson für das Modelljahr 1929 einen seitengesteuerten V-Twin mit 45 Kubikzoll, eingepflanzt in den Rahmen der Einzylindermodelle. Das neue Modell wird von der Motorradwelt begeistert aufgenommen.

Die auch als „Forty-five“ bekannt gewordene Maschine verfügt über eine links neben dem vorderen Zylinder stehend montierte Lichtmaschine; Indian-Fahrer bespötteln das neue Modell gleich als „three-cylinder Harley“.

Der seitengesteuerte V-Twin debütiert unglücklicherweise kurz vor dem Börsenkrach des 29. Oktober 1929, dem Auslöser der Großen Depression.

2

3

1. Dieser Pilot einer wechselgesteuerten Harley älteren Baudatums, abgelichtet auf der Titelseite von *The Enthusiast*, dürfte an seiner elegant weißen Kleidung nicht allzulang Freude gehabt haben, geizten diese Maschinen doch in der Regel nicht mit ölschwitzenden Triebwerken. **2.** In frühen Motorradtagen wurde Motoröl in Glasbehältern verkauft; Harley-Davidson versorgte die Kundschaft mit hauseigener Ölmarke. **3.** Dieses farbenprächtige Gemälde zeigt den Piloten einer 1929er Fortyfive auf seinem rasanten Weg in luftigere Höhen.

1. Die ersten Vertreter der neuen Flathead-Ära waren die auch als „Forty-five" betitelten V-Twins, eingeführt für das Modelljahr 1929. **2.** Diese werksseitige Explosionszeichnung aus dem Jahr 1929 gewährt einen Einblick in das Innenleben von Harleys ab 1930 nicht mehr verbauten Längslenkergabeln, den sogenannten „castle forks". **3.** Gewerbliche Seitenwagen entstanden in den verschiedensten Ausführungen, einschließlich dieses großvolumigen „Package Truck". Als Antrieb dient hier eine 1929er Big Twin, zu erkennen an den zwei Scheinwerfern, die zwar 1930 ebenfalls zum Einsatz kamen, da jedoch bereits an den neuen Flathead-Modellen.

1 © Harley-Davidson

2 © Harley-Davidson

3 © Harley-Davidson

1929 1930

Die Produktion des 21-Kubikzoll-Einzylindermodells (344 ccm) wird 1929 eingestellt; die obengesteuerte Variante ist von nun an Geschichte, die Seitenventilerversion feiert eine spätere Wiedergeburt.

Die Harley-Modelle des Jahres 1929 kommen mit Doppelscheinwerferanlagen, die jedoch nach Ablauf des Modelljahrs 1930 wieder von der Bildfläche verschwinden; manche Modelle stattet Harley mit zylindrischen, an der Vorderradgabel montierten Werkzeugbehältern aus.

Im Spätjahr 1929 präsentiert Harley-Davidson die seitengesteuerten Thirty-fifty-Einzylindermodelle.

Die Große Depression trifft Harley-Davidson und die übrige Motorradindustrie in ihren Grundfesten.

Das große Massaker vom Valentinstag dezimiert die Chicagoer Verbrechergang von Bugs Moran.

1930, ein Jahr nach dem Forty-five, debütiert der seitengesteuerte V-Twin mit 74 Kubikzoll (1213 ccm). Technische Probleme zwingen Harley-Davidson, das Triebwerk wieder vom Markt zu nehmen und einer intensiven Überarbeitung zu unterziehen.

1

2

3

1. Diese Bergrennmaschine aus dem Jahre 1930 mit einem Hubraum von 45 Kubikzoll verfügt neben speziellen ohv-Zylinderköpfen auch über eine experimentelle Längslenkergabel. **2.** Einmal abgesehen vom Triebwerk glich die für das Modelljahr 1930 präsentierte Thirty-fifty ihrer großen Schwester, der Forty-five-V-Twin, bis aufs Haar. **3.** Diese 21-Kubikzoll-Single entläßt ihre Auspuffgase über vier Schalldämpfer (zwei auf jeder Seite). Dieses bei allen 1929er Modellen angewandte Prinzip war vielen Fahrern verständlicherweise zu leise, so daß das nachfolgende Modelljahr nur zwei, allerdings rechts verlegte Auspuffrohre erhielt.

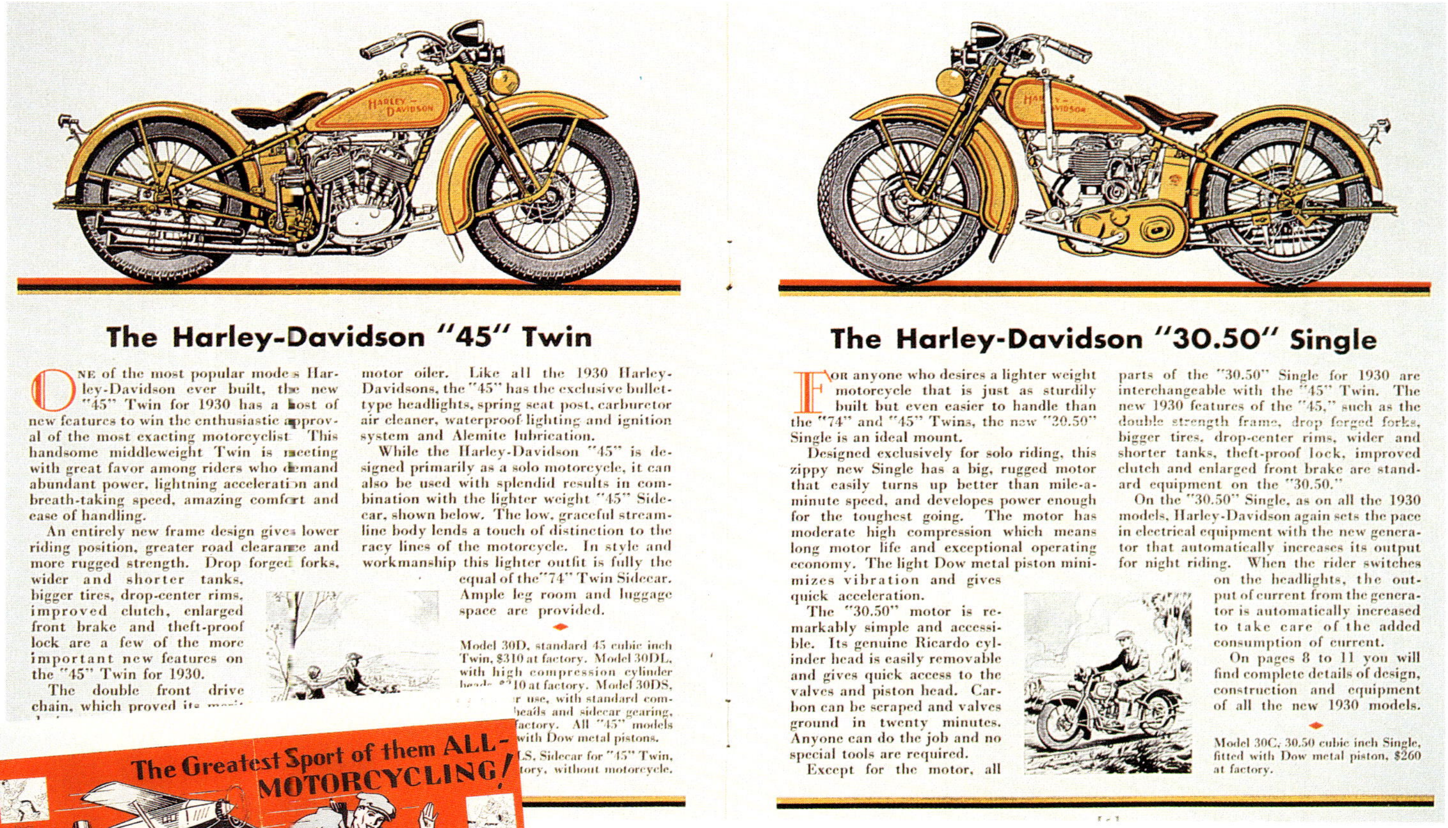

The Harley-Davidson "45" Twin

ONE of the most popular models Harley-Davidson ever built, the new "45" Twin for 1930 has a host of new features to win the enthusiastic approval of the most exacting motorcyclist. This handsome middleweight Twin is meeting with great favor among riders who demand abundant power, lightning acceleration and breath-taking speed, amazing comfort and ease of handling.

An entirely new frame design gives lower riding position, greater road clearance and more rugged strength. Drop forged forks, wider and shorter tanks, bigger tires, drop-center rims, improved clutch, enlarged front brake and theft-proof lock are a few of the more important new features on the "45" Twin for 1930.

The double front drive chain, which proved its ...

... motor oiler. Like all the 1930 Harley-Davidsons, the "45" has the exclusive bullet-type headlights, spring seat post, carburetor air cleaner, waterproof lighting and ignition system and Alemite lubrication.

While the Harley-Davidson "45" is designed primarily as a solo motorcycle, it can also be used with splendid results in combination with the lighter weight "45" Sidecar, shown below. The low, graceful streamline body lends a touch of distinction to the racy lines of the motorcycle. In style and workmanship this lighter outfit is fully the equal of the "74" Twin Sidecar. Ample leg room and luggage space are provided.

Model 30D, standard 45 cubic inch Twin, $310 at factory. Model 30DL, with high compression cylinder ... 10 at factory. Model 30DS, ... r use, with standard com... heads and sidecar gearing, ... factory. All "45" models ... with Dow metal pistons. ... LS. Sidecar for "45" Twin, ... tory, without motorcycle.

The Harley-Davidson "30.50" Single

FOR anyone who desires a lighter weight motorcycle that is just as sturdily built but even easier to handle than the "74" and "45" Twins, the new "30.50" Single is an ideal mount.

Designed exclusively for solo riding, this zippy new Single has a big, rugged motor that easily turns up better than mile-a-minute speed, and developes power enough for the toughest going. The motor has moderate high compression which means long motor life and exceptional operating economy. The light Dow metal piston minimizes vibration and gives quick acceleration.

The "30.50" motor is remarkably simple and accessible. Its genuine Ricardo cylinder head is easily removable and gives quick access to the valves and piston head. Carbon can be scraped and valves ground in twenty minutes. Anyone can do the job and no special tools are required.

Except for the motor, all parts of the "30.50" Single for 1930 are interchangeable with the "45" Twin. The new 1930 features of the "45," such as the double strength frame, drop forged forks, bigger tires, drop-center rims, wider and shorter tanks, theft-proof lock, improved clutch and enlarged front brake are standard equipment on the "30.50."

On the "30.50" Single, as on all the 1930 models, Harley-Davidson again sets the pace in electrical equipment with the new generator that automatically increases its output for night riding. When the rider switches on the headlights, the output of current from the generator is automatically increased to take care of the added consumption of current.

On pages 8 to 11 you will find complete details of design, construction and equipment of all the new 1930 models.

Model 30C, 30.50 cubic inch Single, fitted with Dow metal piston, $260 at factory.

1

2

The "74" Twin and Sidecar

WITH this handsome, roomy, easy riding sidecar combination you can take along a passenger to share in your motorcycling fun. Deeply cushioned upholstery and two long semi-elliptic springs assure arm-chair comfort for the passenger. There is ample leg room and spacious capacity for luggage. Both are provided in generous measure.

Many important new features for 1930 make the "74" Twin the ideal motorcycle for sidecar use. It has a powerful new Ricardo head motor, a double strength frame and drop forged forks, quick detachable, interchangeable wheels and double front drive chain, to mention only a few. On the opposite page there is a full color picture showing this wonderful Twin.

For 1930 a revolutionary new feature of outstanding value—the quick detachable, interchangeable wheel—makes all three wheels of the "74" Twin and Sidecar combination easily interchangeable. A spare wheel with an inflated tire on the rim can be carried on the rear of the sidecar. Tire changes on the road now require but a moment. Just slip out the knock-out axle, remove the wheel and put your spare wheel in place. The brake drums, bands, sprockets and chains do not come out with the wheel but remain fixed and in adjustment.

Another new feature of the "74" Twin Sidecar for 1930 is the sidecar wheel brake. This big, fully enclosed, waterproof, internal expanding brake is operated by the foot pedal simultaneously with the rear brake on the motorcycle. Together with the hand operated front wheel brake, there is now efficient braking on all three wheels.

Model 30LT Sidecar, for one passenger, $110 at factory. A two passenger sidecar, Model QT, is also available, $140 at factory. These prices do not include the motorcycle or any extra equipment such as windshield, or spare wheel carrier.

[2]

The Harley-Davidson "74" Twin

RECOGNIZED everywhere as the world's standard motorcycle, with 26 years of progress behind it, the "74" Twin today stands head and shoulders above all comers. For 1930 this famous Twin has been completely re-designed from stem to stern . . . new motor, new frame, new forks, new wheels, new tanks, new generator, everything new! For solo or sidecar riding the new "74" Twin asks no favors of anything on the road.

The new "74" Twin motor, designed along the lines of the "45" that proved such an outstanding success last season, is exceptionally accessible, clean and dependable. Its genuine Ricardo heads are scientifically designed to provide the correct turbulence of compressed gases and assure quick, complete combustion. They are easily detachable for carbon removal and valve grinding.

For 1930 the "74" frame has been strengthened at all vital points. It is now at least 100% stronger. The saddle position is two inches lower, and the large capacity tanks are shorter and wider. Double-strength drop forged sides feature the 1930 front forks. They are built to stand the hardest service.

Quick detachable, interchangeable wheels are standard on the "74" Twin for 1930. This exclusive Harley-Davidson feature is especially valuable in combination with the sidecar. Drop-center rims and big, 4" full balloon tires complete the equipment.

Many new advancements for 1930 — added to the time-tried and proved features of former models — have made the "74," more than ever, the greatest motorcycle value ever offered.

Model 30V, 74 cubic inch Twin, fitted with nickel iron pistons, $340 at factory. Model 30VL, fitted with Dow metal pistons and high compression cylinder heads, $340 at factory. Model 30VS, for sidecar use, fitted with nickel iron pistons, standard compression heads and sidecar gearing, $340 at factory.

[3]

3

1. Das Styling von Harleys Forty-five-V-Twin und Thirty-fifty-Single des Jahres 1930 war deutlich an die großen Seventy-four-Modelle angelehnt. **2.** Die Verkaufsbroschüren warteten auch mit Preisen auf: $ 260 für die Single, $ 310 für die 45 cu.in.-V-Twin. **3.** Topmodell war die V-Twin mit 74 Kubikzoll zu einem Preis von $ 340, zu dem sich noch $ 110 für ein einsitziges bzw. $ 140 für ein zweisitziges Beiboot gesellten.

1930
1931

Die Kinderkrankheiten des Seventy-four sind schnell auskuriert. Beide Flathead-Varianten finden begeisterten Anklang, doch nur wenige haben die finanziellen Mittel, ein solches Modell zu kaufen.

Die Forty-five geht mit neuem Rahmen und daraus resultierender niedrigerer Sitzposition in das Modelljahr 1930.

Die Modelle des Jahres 1930 erhalten statt der bisher verbauten Vierrohrauspuffanlagen neue Anlagen mit zwei Dämpferrohren.

Harley-Davidson unternimmt kontinuierliche Modellpflege, trotz kritischer Finanzsituation.

Die Doppelscheinwerfer werden für 1931 durch einen einzelnen großen Scheinwerfer ersetzt; die Werkzeugbox ist nun nicht mehr zylindrisch, sondern keilförmig ausgeführt; der Schalldämpfer der V-Twins besteht nunmehr aus einem einzigen Dämpferrohr.

Harley-Davidson erweitert für 1931 die Modellpalette um die VC für gewerbliche Einsatzzwecke, die VCR für die Aufbringung von Fahrbahnmarkierungen und die VS mit Seitenwagen.

1

2

1. Eine Harley mit Seitenwagen kostete nicht selten mehr als ein Automobil, so daß Harley-Davidson in der Werbung sehr stark den Freizeitwert seiner Fahrzeuge hervorhob. **2.** Die Rückseite dieser Broschüre ziert eine gezeichnete Ansicht der riesigen Werksgebäude, deren unermüdliches Bemühen, die besten Motorräder Amerikas hervorzubringen, durch rauchende Schornsteine noch eindrucksvoll betont wird. **3.** Eine Harley des Jahrgangs 1931 ist leicht an ihrem einzelnen Scheinwerfer und dem vorn an der Gabel montierten keilförmigen Werkzeugbehälter zu erkennen.

3

1930
V

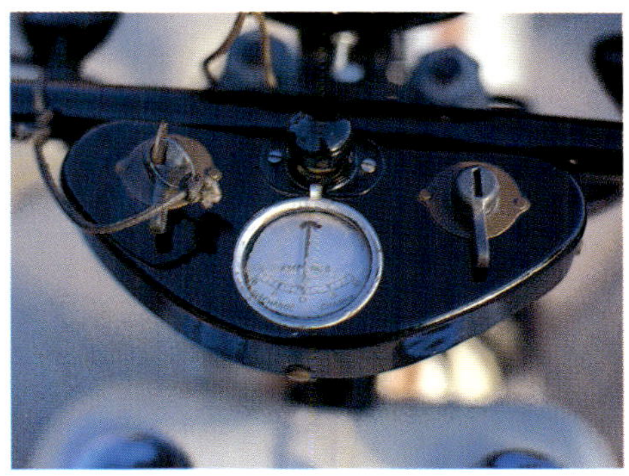

Die gespannte finanzielle Situation, in die die Weltwirtschaftskrise auch Harley-Davidson gestürzt hatte, veranlaßte das Unternehmen, seine Modellpalette für das Jahr 1930 aus Kostengründen von dreizehn auf sechs Modelle zusammenzustreichen. In diesem Jahr feierte der seitengesteuerte Big Twin, auch bekannt als Model V, sein Verkaufsdebüt. Angeboten wurde das 74-Kubikzoll-Triebwerk zum einen als hoch verdichtete Version (Typ VL) und zum anderen als niedrig verdichtete Version (Typ VS), wobei letztere für den Seitenwagenbetrieb vorgesehen war.

Kleine Bildreihe, von links: Die serienmäßige Beleuchtung mittels zweier Scheinwerfer ist bei diesem Fahrzeug nachträglich gegen einen einzelnen Scheinwerfer ausgetauscht worden – eine damals durchaus gängige Modifikation. Der Batteriekasten trägt bereits das berühmte Firmenemblem mit Wappen und Querbalken. Das Schalterpaneel weist jetzt zusätzlich ein Amperemeter auf.

1931 D

In der Absicht, die Verkaufszahlen im Jahr 1931 steigern zu können, führte Harley-Davidson ein auf Wunsch erhältliches, modischeres Tankdekor ein. Das 45-Kubikzoll-Aggregat der D-Modelle war erhältlich in drei Varianten: niedrig verdichtet für Seitenwagenbetrieb (Typ D), normal verdichtet (Typ DL) und hoch verdichtet (Typ DLD). Frühe „Forty-five" bezogen ihre Betriebsspannung aus einer links vorn am Motor montierten Lichtmaschine *(rechts)*.

Rechte Seite: Der Tachometerantrieb erfolgte über einen Zahntrieb am Hinterrad *(Mitte)*. Viele Harley-Fahrer pflegten die Schlüssel für Zündung und Beleuchtung zusammenzubinden *(rechts unten)*.

HARLEY-
DAVIDSON

1

2

1. Diese leuchtendrote Forty-five zeigt eine der Farbvarianten, in denen das „Wellen"-Dekor des Jahres 1931 angeboten wurde. **2.** Der Name Harley-Davidson stand bereits in seiner Frühzeit nicht nur für Motorräder, sondern ebenfalls für nützliches Zubehör. Schon 1932 konnten Gespannbesitzer auf Wunsch ein Ersatzrad ordern, das sowohl am Seitenwagen als auch am Motorrad selbst zu verwenden war. Ergänzend gab es auf Wunsch dafür sogar eine partielle sowie auch eine komplette Schutzhülle; diffus streuende Scheinwerfergläser waren ebenfalls erhältlich.

1931 1932

1931 führt Harley-Davidson bei kleineren Motorradteilen erstmalig verchromte Oberflächen ein.

Al Capone erhält wegen Steuerhinterziehung eine Gefängnisstrafe von 11 Jahren.

„The Ed Sullivan Show" feiert ihr Radiodebüt.

Die Seventy-four-Modelle werden ab Mitte 1931 auf Wunsch mit einem Dreiganggetriebe mit Rückwärtsgang ausgerüstet.

1932 stellt Harley-Davidson den dreirädrigen Servi-Car vor. Angetrieben von einem 45-Kubikzoll-Aggregat überdauert das zunächst als kleines Lieferfahrzeug präsentierte Modell bis in die siebziger Jahre.

Franklin D. Roosevelt beginnt die erste von vier Amtsperioden – eine in der amerikanischen Geschichte bis dahin beispiellose Situation.

Amelia Earhart überquert als erste Frau im Alleinflug den Atlantik.

1

1. Harley-Davidson bemühte sich, das Motorrad als komfortables Ganzjahresfahrzeug zu etablieren, und bot aus diesem Grund optional diverse Wind- und Beinschilde an. **2.** Farbenfroh bewarb Harley-Davidson 1932 die Wiedereinführung der wirtschaftlichen 21 cu.in.-Einzylindermaschine. **3.** Das Modelljahr 1932 brachte auch gesunkene Preise für die Seitenwagen mit sich. Das Beiboot der Forty-five besaß keine eigene Bremse, und war daher preisgünstiger. Um die Attraktivität für den Dienstleistungsbereich zu steigern, winkte die Modellpalette der Package Trucks ebenfalls mit niedrigeren Preisen. **4.** Motorrad-Nippes war in den Dreißigern überaus populär, auch diese sehr detailliert gravierte Flaschenöffner/Schraubendreher-Kombination.

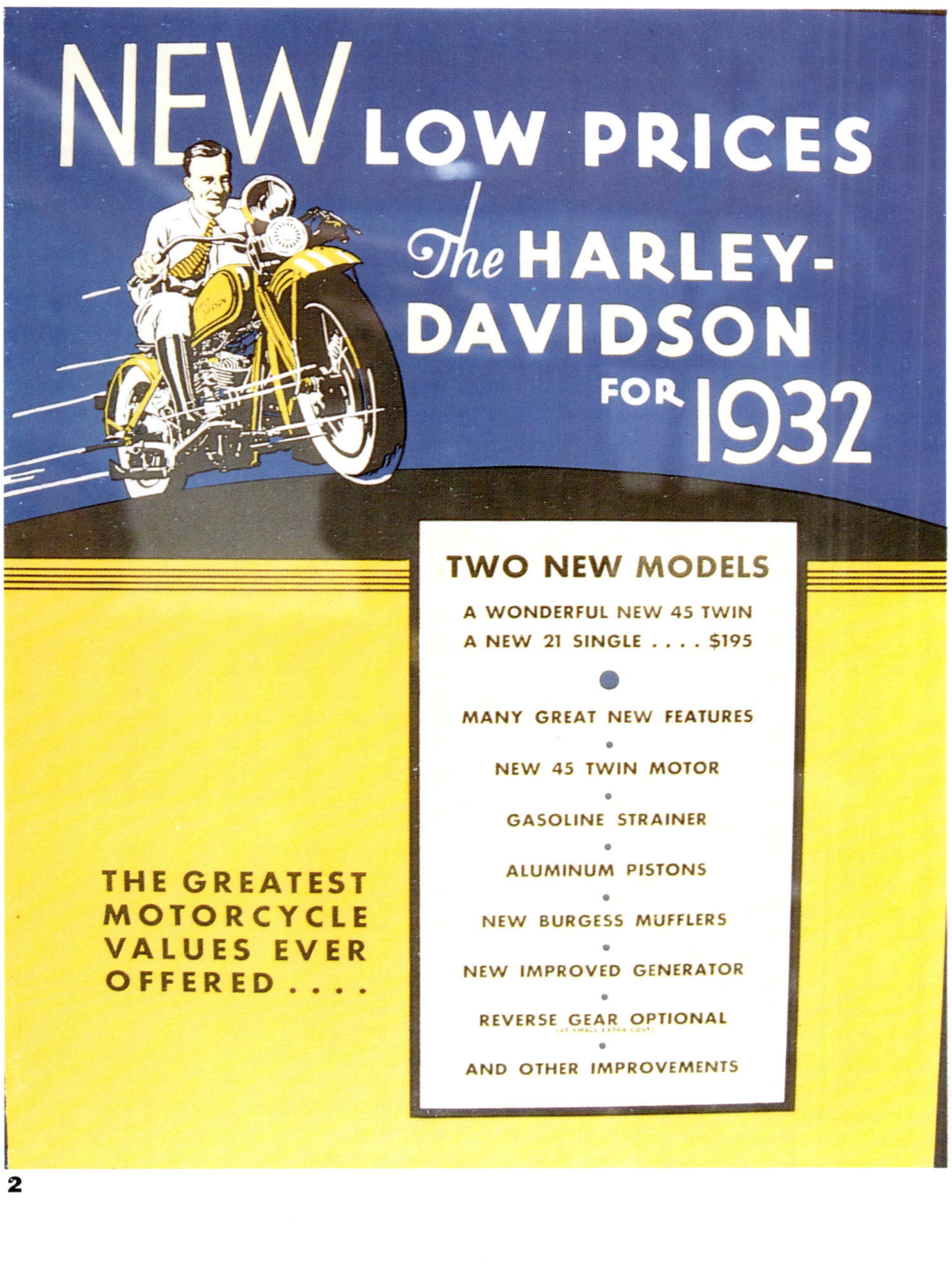

2

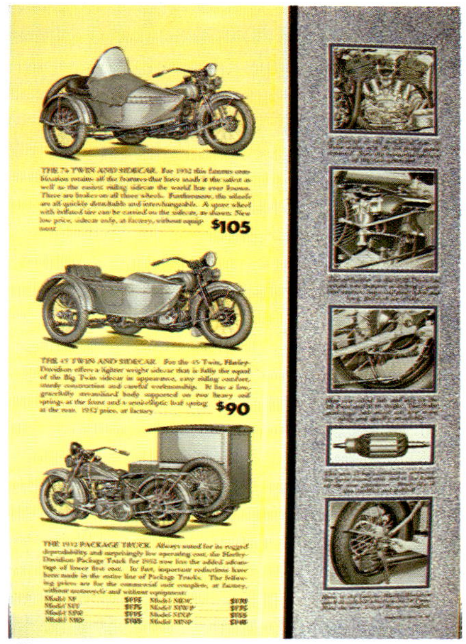

3

4

1

1. Diese unrestaurierte 74 cu.in.-Flathead des Typs V präsentiert sich mit diversen zeitgenössischen Accessoires, u.a. einem Weidenkorb, einem Feuerlöscher aus Messing und zusätzlichen Scheinwerfern. **2.** Harley-Fahrer konnten mit Hilfe dieser kleinen Tachometerleuchte die gefahrene Geschwindigkeit auch bei Dunkelheit ablesen. **3.** Der Batteriekasten trägt noch das originale Händleremblem bzw. eine entsprechende Nachfertigung.

2

3

1932
1933

Das Lindbergh-Baby wird entführt und später tot aufgefunden.

1932 feiert der 21-Kubikzoll-Einzylinder, allerdings nur als Seitenventiler, seine Wiedergeburt.

Die Forty-five-Modelle bekommen neben einem neuen Rahmen auch eine horizontal montierte Lichtmaschine und ein „Fishtail"-Schalldämpferrohr; optisch ähneln sie jetzt stark den Seventy-four-Modellen.

Harley-Davidson beginnt mit der Produktion von Radios für die hauseigenen Polizeimotorräder.

Der „Buddy Seat", eins der populärsten Harley-Accessoires, bereichert 1933 erstmals den Zubehörkatalog.

1

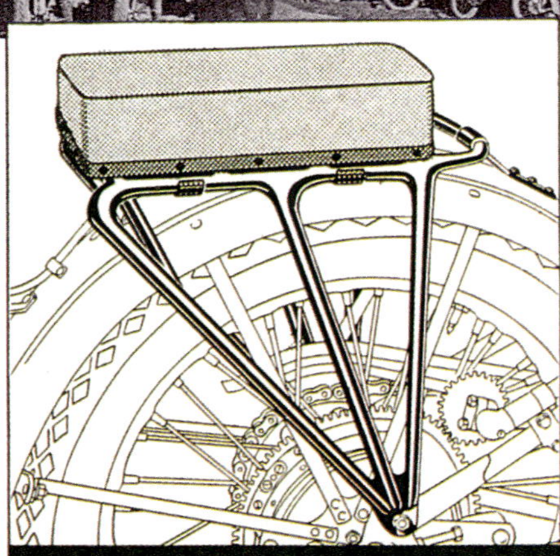

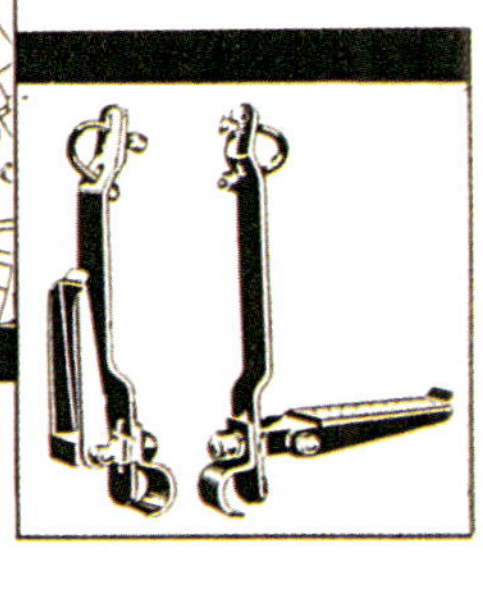

2

3

1. Das auf der Titelseite dieses Zubehörkatalogs aus dem Jahre 1932 abgebildete Motorrad präsentiert sich wohlgerüstet. Ein mächtiger Kotflügeladler war ebenso zu haben wie Satteltaschen oder ein Zusatzständer für das Vorderrad. **2.** Das Kataloginnere offerierte dem Harley-Enthusiasten aber noch mehr praktisches Zubehör wie beispielsweise ein Sitzkissen für den optionalen Gepäckträger oder klappbare Fußrasten für den Sozius. **3.** Gußeiserne Spielzeugmodelle waren in den dreißiger Jahren überaus populär. Diese bemannte Spielzeug-Harley dürfte allerdings nicht vom Hersteller, sondern von ihrem Besitzer bemalt worden sein.

1

2

3

4

1. Dieses Büchlein mit dem Titel *Let's visit the Harley-Davidson Factory* nimmt den Leser mit auf einen Exkurs durch das ausgedehnte Werksgelände und gewährt Einblick in die Motorradproduktion. **2–4.** Dieser dreirädrige Prototyp präsentiert sich mit dem Tankdesign der Jahre 1934–35 und ist offensichtlich für den Transport schwerer Ladungen ausgelegt. Der Verwendungszweck ist unbekannt, der großflächige Metallschild deutet jedoch auf einen militärischen Einsatzzweck hin.

1933

1933 entfällt Olivgrün als Standardfarbe; Einzylinder werden nur in Silber und Türkis, V-Twins hingegen in diversen Farbkombinationen angeboten.

Schwarz verbleibt bei Rahmen und Vorderradgabeln als einziger Farbton.

Adolf Hitler wird deutscher Reichskanzler.

Das Prohibitionsgesetz wird außer Kraft gesetzt.

1933 fallen Harley-Davidsons Produktionszahlen auf unter 4000 Einheiten.

1

2

3

1. „Ob dieser langfellige Hund wohl beißt?“, fragt sich wohl gerade der Polizeibeamte auf dieser 1934er Harley-Davidson. **2.** Diese Werbeanzeige aus dem Jahr 1934 vergleicht den „punch“ von Harleys neuem „TNT“-V-Twin aus der Seventy-four-Serie mit der Zuschlagskraft der 1917 verstorbenen Boxlegende Bob Fitzsimmons. **3.** Harley-Davidson bot hauseigenes Motoröl in den Qualitäten „Regular“ und „High-Speed“ an. Diese Fünf-Gallonen-Dose (18,9 Liter) verfügt bereits über die neue „Pour-Klean“-Ausgießtülle.

1934 VLD

Harley-Davidsons des Jahres 1934 präsentierten sich mit einem neuen Tankdekor, das in dieser Form jedoch nur zwei Jahre im Programm blieb. Die abgebildete Maschine ist lackiert in Schwarz, abgesetzt mit Teilflächen an Kotflügeln und Tank in Orlando Orange, erhältlich ohne Aufpreis. Ab 1932 ersetzte man das bislang als Standardfarbe angebotene Olive Green durch lebendigere Zweifarblackierungen.

Diese Seite, oben rechts: Bei frühen Harleys mit Fußkupplung kuppelte der Fahrer über die Fußwippe mittels Ferse aus, mittels Fußspitze ein. *Links:* Eine kleine Leuchte auf dem Instrumentenpaneel spendete dem Amperemeter bei Nachtfahrten das nötige Licht. Der Hupengrill war geprägt mit einer Schwingenversion von Harleys berühmtem „Bar-and-Shield"-Logo — original ist diese Abdeckung heute jedoch kaum noch zu bekommen.

1

2

1. Lockeres Outfit prägte schon in früheren Jahren die harleyfahrende Zunft. **2.** Diese aus den Dreißigern stammende, gußeiserne Spielzeug-Harley verfügt zwar über drehbare Räder, vermag im Finish aber nicht an spätere Modelle heranzureichen. **3.** 1934 bekam auch der Servi-Car eine eigene Broschüre, die das dreirädrige Gefährt als praktisches Dienstleistungsfahrzeug anpries.

3

1933 1934

Indian und Harley einigen sich auf neue, weniger kostspielige Rennklassen. Alle teilnehmenden Motorräder müssen Serienzustand aufweisen, die Ausstattung darf jedoch minimal ausfallen.

Um den Verkauf anzukurbeln, führt Harley für das Modelljahr 1934 auffälligere Tankbemalungen ein.

Die neue Optik läßt – in Verbindung mit der sich langsam erholenden Wirtschaft – die Verkaufszahlen für das Jahr 1934 auf über 10 000 Einheiten ansteigen.

Das legendäre Bankräuberduo Bonnie Parker und Clyde Barrow, besser bekannt als Bonnie und Clyde, sterben im Kugelhagel der Polizei.

1

2

3

4

1. Alte Fotografien sind etwas Wunderbares, hier ein Foto aus den dreißiger Jahren. Harley-Davidson vermarktete seine Motorräder zwar nie als Viersitzer, doch dieses Quartett beweist: „Wo ein Wille ist, ist auch ein Weg". **2–4.** Die nachlassenden Verkaufszahlen während der Depressionsära bewegten Harley-Davidson zur Expansion in andere Marktsegmente. Für gewerbliche Anwendungen wurden neben Einzylinderaggregaten auch Boxer- und V-Twin-Aggregate hergestellt.

1934 VLD

Das Modelljahr 1934 brachte zwar farbenfrohe Zweifarblackierungen in das Verkaufsangebot der Milwaukeer Edelschmiede, doch diese VLD mit Seventy-four-Triebwerk verließ die Werkshallen noch im altbackenen Olive Green. *Linke Seite:* Optische Retuschen bescherten dem Modelljahr 1934 unter anderem auch aerodynamisch optimierte Kotflügel und eine „Airflow"-Rückleuchte *(Mitte links).*
Beide Seiten, unten links: Eine gewölbte Schutzscheibe diente gemeinsam mit einer aufgeknöpften Persenning als Wetterschutz für den Beibootpassagier. Der nach vorn klappbare Rohrrahmen erleichterte dabei Ein- und Ausstieg.
Diese Seite, Mitte links: Die nach hinten offene Chromabdeckung für den Vergaser wurde 1932 eingeführt und verlieh den eh schon hochwertigen Maschinen einen zusätzlichen Hauch von Eleganz.

1

2

3

1934
1935

John Dillinger, „Baby Face“ Nelson und „Pretty Boy“ Floyd finden 1934 unabhängig voneinander den Tod im Trommelfeuer der Polizei.

Das Modelljahr 1934 ist die letzte Verkaufssaison für den seitengesteuerten Thirty-five-Single.

Ein optional erhältlicher 80 cu. in.-V-Twin ergänzt die Modellpalette für das Jahr 1935.

1936 debütiert zwar der obengesteuerte V-Twin, besser bekannt als „Knucklehead“, doch die Produktion der Seitenventilmotoren hält bis in die fünfziger Jahre an; der dreirädrige Servi-Car mit Flathead-Triebwerk überdauert sogar bis ins Jahr 1973.

1

2

3

4

Linke Seite:

1. Dieser Matrose schaut voller Fernweh auf den Kriegsflieger, der sich gleich in die Lüfte erheben wird. **2.** Ein Beamter der California Highway Patrol dreht seine Runde auf einer Knucklehead aus dem Jahr 1937. **3.** Obwohl der Tank dieses Spielzeugmodells die Aufschrift „Patrol" trägt, ist klar zu erkennen, daß hier eine Harley Pate gestanden hat.

Diese Seite:

1. Diese Harley, die 1995 an „The Great North American Race" teilnahm, stammt aus Dale Walkslers *Wheels Trough Time Museum.* **2.** Der 80-Kubikzoll-V-Twin mit der Seriennummer „UX3" ist eins der Versuchsaggregate, die der Erprobung der 1937 an allen Flathead-Motoren eingeführten Umlaufschmierung dienten. **3.** Da die Versuchsfahrer Tag und Nacht bei Wind und Wetter unterwegs waren, rüstete man die Testmaschinen mit zusätzlichen Scheinwerfern aus. **4.** Diese Rückleuchte erweckt durchaus den Eindruck, ein Originalteil zu sein, entstammt aber einem anderen zeitgenössischen V-Twin, einer Crocker, produziert in sehr niedrigen Stückzahlen.

Die Knucklehead-Ära

Die im Jahre 1929 vorgestellten seitengesteuerten V-Twins, die berühmten „Flatheads", schrieben Mitte der dreißiger Jahre zwar immer noch gute Produktionszahlen, doch Harley-Davidson entschloß sich, die technologische Evolution nicht unbeteiligt an sich vorüberziehen zu lassen. Obengesteuerte Ventilkonfigurationen galten zur damaligen Zeit als das Nonplusultra im Motorenbau, und so war es nur selbstverständlich, daß sich das neue Triebwerk ebenfalls dieses Konstruktionsprinzips bediente (schließlich existierten ja einschlägige Erfahrungen mit den 21 cu. in.-Einzylindern, den sogenannten „Peashootern"). Der Hubraum des neuen V-Twins wurde festgelegt auf 61 Kubikzoll (1000 ccm), die offizielle Bezeichnung lautete „61 OHV". Die Motorräder, denen Harley-Davidson dieses Aggregat implantierte, firmierten unter der Typenformel „EL".

Ein weiterer Schritt in die Zukunft (zumindest für Harley-Davidson) bedeutete die Einführung einer Umlaufschmierung, beruhte das bisherige Prinzip der Motorschmierung doch noch auf der altbackenen Tropfölung. Derart geölte Motoren besaßen einen separaten Tank mit Frischöl, das entweder per Schwerkraft oder aber per Handpumpe in den Motor gelangte. Nichtverbranntes Öl jedoch leckte aus dem Motor – in der heutigen Zeit eine undenkbare Frevelei. Umlaufgeschmierte Motoren sind heute Standard, wobei generell nach zwei Funktionsprinzipien unterschieden wird: Die Naßsumpfschmierung bezieht ihren Ölvorrat aus den Tiefen des Motors, die Trockensumpfschmierung hingegen aus einem separaten Behälter, aus dem das Öl durch einen Filter in den Motor und anschließend wieder zurück gepumpt wird.

Die EL trug ihren Öltank unterhalb des Fahrersitzes, so daß der Benzintank (bislang unterteilt für Benzin *und* Öl) sich nun voll und ganz seiner eigentlichen Aufgabe widmen konnte. Auf dem Tank thronte jetzt ein markantes Instrumentengehäuse, das neben einem großen runden Tachometer (skaliert bis 100 mph) ebenfalls Amperemeter und Öldruckmesser beherbergte. Dieses Instrumentenbord entwickelte sich zu einem regelrechten Markenzeichen und ziert noch heute die Tanks der geschichtsträchtigen Big Twins.

Die im Jahre 1936 vorgestellte EL präsentierte sich zwar als beeindruckendes Gefährt, nicht jedoch als makellose Zweiradkonstruktion. Griffen die älteren, seitengesteuerten Harley-Modelle auf Hubräume von bis zu 80 Kubikzoll (1312 ccm) zurück, so vermochte die neue Triebwerksgeneration angesichts ihrer effizienteren Ventilanordnung, ihre großvolumigeren Schwestern in punkto Fahrleistungen in den Schatten zu stellen – aber auch die meisten ihrer amerikanischen Konkurrentinnen. Trotz aller Vorschußlorbeeren zeigten die neuen Modelle schon nach kurzer Zeit mangelnde Öldichtigkeit und aufgrund ihrer zu instabilen Rahmenkonstruktion auch eine fehlende Eignung für den

Seitenwagenbetrieb. Einige der Dichtigkeitsprobleme konnten bereits Mitte 1936 ausgemerzt werden, ein kräftigerer Rahmen und weitere Verbesserungen an der Motorschmierung folgten schließlich 1937.

In der Motorradwelt erwarb sich die Urversion von Harley-Davidsons obengesteuerten V-Twins sehr bald den Beinamen „Knucklehead" (Knöchelkopf), wobei sich diese Namensgebung auf die besondere Form der rechtsseitig angeordneten Ventildeckel gründet. Optisch zeigten die beiden Bolzen jedes Deckels große Ähnlichkeit mit den Knöcheln einer geballten Faust, obwohl dieser Analogismus durch die anfangs statt der Bolzen verbauten kalottenförmigen Deckel nicht ganz so offensichtlich erschien. Der Wechsel zur Bolzenausführung erfolgte Mitte 1936 als eine der ersten Maßnahmen gegen die ölleckende erste Baureihe.

Die begeisterte Aufnahme der Knucklehead beim Publikum lenkte die Aufmerksamkeit natürlich stark von Harley-Davidsons übriger Modellpalette ab. Die Seitenventiler mit 45, 74 und 80 Kubikzoll-Aggregaten unterzog man für das Modelljahr 1937 optischen Retuschen, um sie gestalterisch näher an die modernere Knucklehead zu rücken. Die seitengesteuerten Triebwerke erhielten ebenfalls eine Motorumlaufschmierung sowie auch neue Typencodes. Die bislang als Typ R betitelten Forty-five-Modelle benannte man um in Typ W, die unter Typ V firmierenden Big Twins hießen nun Typ U.

Das Jahr 1946 brachte als Ergänzung zum 61 OHV-Triebwerk eine großvolumigere Variante mit einem Hubraum von 74 Kubikzoll, die entsprechende Modellbezeichnung lautete „FL". Gleichzeitig nahm Harley-Davidson die 80 cu. in.-Seitenventilerversion aus dem Programm, beließ jedoch die Flathead-Seventy-four weiterhin im Verkaufsangebot — bis ins Jahr 1948.

Der zweite Weltkrieg erforderte natürlich auch die Konstruktion spezieller Militärmaschinen, denen Harley-Davidson mit einer Militärversion der Forty-five sowie einem neuen Modell mit quer eingebautem Zweizylinder-Boxermotor und Kardanantrieb, in erster Linie konzipiert für den Wüsteneinsatz, Rechnung trug. Der auf die Typenbezeichnung „WLA" getaufte V-Twin wurde in 80 000 Exemplaren produziert (und im Krieg eingesetzt), während das Boxermodell „XA" mit 1000 produzierten Einheiten eine eher untergeordnete Rolle spielte (und die Vereinigten Staaten erst gar nicht verließ).

Trotz der breiten Anerkennung, die der Knucklehead entgegengebracht wurde, war ihr eine — zumindest für Harley-Davidson-Verhältnisse — nur sehr kurze Lebensspanne von gut einem Jahrzehnt beschieden. Hinzu kam, daß der zweite Weltkrieg die Produktionszahlen dieser Modelle in relativ bescheidenen Grenzen hielt. Aber dennoch ist die Knucklehead in der Geschichte Harley-Davidsons nicht nur der Meilenstein, auf den sich alle zukünftigen Motorentwicklungen des Unternehmens gründeten, sondern sie zählt gleichsam zu den begehrtesten Klassikern unserer Tage.

1

2

3

1936

1936 tritt das zuvor nur auf Bestellung ausgelieferte, seitengesteuerte 80-Kubikzoll-Modell im Verkaufskatalog erstmals offiziell in Erscheinung.

Im Sommer 1936 – ein Jahr später als geplant – führt Harley-Davidson ein neues, offiziell unter der Bezeichnung „61 OHV" firmierendes Triebwerk ein, auch bekannt als „Knucklehead".

Ausgerüstet mit hängenden Ventilen und leistungsstärker als das Flathead-Aggregat, zeichnet sich das neue Triebwerk vor allem aus durch seine Umlaufschmierung, eingeführt als Ersatz für die nicht mehr zeitgemäße Tropfölung.

Die neue 61 OHV wird angeboten in zwei Modellvarianten, E und EL.

Das 61 OHV-Triebwerk erhält ein neues, nun über vier Gänge verfügendes Getriebe, das auf Wunsch auch bei den seitengesteuerten Seventy-four- und Eighty-Modellen verbaut wird.

Das auf dem Kraftstofftank thronende Instrumentenbord wird mit den E-Modellen eingeführt, und ist noch heute stilistisches Markenzeichen von Harley-Davidson.

1936 beläuft sich die Produktion der E-Modelle auf ca. 2000 Einheiten.

Linke Seite: **1.** Neben der 1936 vorgestellten 61 OHV zählten weiterhin auch die seitengesteuerten V-Twins mit 45, 74 und 80 cu.in.-Triebwerken zum Verkaufsangebot. Das Jahr 1936 glänzte mit diversen Zweifarblackierungen, u.a. auch mit dieser eigentümlichen Kombination aus Nile Green und Maroon. **2.** Harley-Davidsons Verkaufsprospekt für das Jahr 1936 verschwieg die neue 61 OHV, allerdings wohl deshalb, weil die offizielle Ankündigung des neuen Modells erst nach Drucklegung entschieden worden war. **3.** Dieses neue Tankdekor zierte alle Harley-Modelle zwischen 1936 und 1939.
Diese Seite: **1–3.** Der künstlerische Wert von Harley-Davidsons Schwarzweiß-Broschüren für das Jahr 1937 war eher durchschnittlich, versorgte den potentiellen Kunden aber mit zahlreichen technischen Informationen. **4.** Die überaus blumige Werbesprache der dreißiger Jahre fand so manche Höhepunkte, wie z.B. „Lungs expand with sunkist ozone …", die heute doch etwas seltsam anmuten. **5.** V-Twins zählten bei vielen der meist namenlosen Spielzeugmotorräder zum Standard, die Tankaufschrift dieses Modells gibt jedoch unmißverständlich die Inspirationsquelle preis.

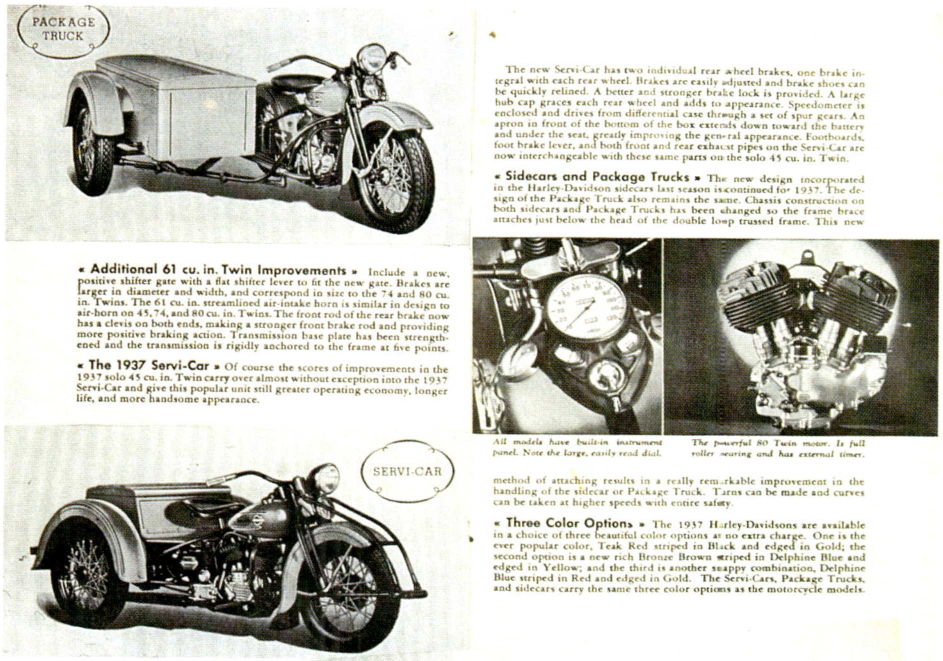
PACKAGE TRUCK

The new Servi-Car has two individual rear wheel brakes, one brake integral with each rear wheel. Brakes are easily adjusted and brake shoes can be quickly relined. A better and stronger brake lock is provided. A large hub cap graces each rear wheel and adds to appearance. Speedometer is enclosed and drives from differential case through a set of spur gears. An apron in front of the bottom of the box extends down toward the battery and under the seat, greatly improving the general appearance. Footboards, foot brake lever, and both front and rear exhaust pipes on the Servi-Car are now interchangeable with these same parts on the solo 45 cu. in. Twin.

« **Sidecars and Package Trucks** » The new design incorporated in the Harley-Davidson sidecars last season is continued for 1937. The design of the Package Truck also remains the same. Chassis construction on both sidecars and Package Trucks has been changed so the frame brace attaches just below the head of the double loop trussed frame. This new method of attaching results in a really remarkable improvement in the handling of the sidecar or Package Truck. Turns can be made and curves can be taken at higher speeds with entire safety.

« **Additional 61 cu. in. Twin Improvements** » Include a new, positive shifter gate with a flat shifter lever to fit the new gate. Brakes are larger in diameter and width, and correspond in size to the 74 and 80 cu. in. Twins. The 61 cu. in. streamlined air-intake horn is similar in design to air-horn on 45, 74, and 80 cu. in. Twins. The front rod of the rear brake now has a clevis on both ends, making a stronger front brake rod and providing more positive braking action. Transmission base plate has been strengthened and the transmission is rigidly anchored to the frame at five points.

« **The 1937 Servi-Car** » Of course the scores of improvements in the 1937 solo 45 cu. in. Twin carry over almost without exception into the 1937 Servi-Car and give this popular unit still greater operating economy, longer life, and more handsome appearance.

All models have built-in instrument panel. Note the large, easily read dial.

The powerful 80 Twin motor. Is full roller bearing and has external timer.

SERVI-CAR

« **Three Color Options** » The 1937 Harley-Davidsons are available in a choice of three beautiful color options at no extra charge. One is the ever popular color, Teak Red striped in Black and edged in Gold; the second option is a new rich Bronze Brown striped in Delphine Blue and edged in Yellow; and the third is another snappy combination, Delphine Blue striped in Red and edged in Gold. The Servi-Cars, Package Trucks, and sidecars carry the same three color options as the motorcycle models.

1

61 TWIN

« **Built-In Instrument Panel** » The new built in, electrically lighted, instrument panel, that caught the eye and favor of all on the 61 cu. in. model, has been incorporated on every model in the 1937 line. The panel houses the speedometer, ammeter, oil pressure gauge, ignition and light switch, and lock. A 120-mile face features the large easily read dial on all models except the Servi-Car, where the face remains at 100 miles. Trip odometer is included with the Standard and De Luxe Accessory Groups. Speedometer hand control is included in the Standard and De Luxe Police Groups.

« **Welded Steel Tanks** » Saddle-type tanks of attractive, teardrop design are featured on all 1937 models. On the 61, 74, and 80 cu. in. Twins, both tanks carry gasoline. Tanks may be used simultaneously or alternately, and are fitted with a two way shut-off cock that permits maintaining an emergency supply. In the 45 cu. in. model, the left tank holds gasoline, and the right tank carries lubricating oil.

70 miles covered at normal cruising range, this positive, unfailing lubricating system assures a cooler, better performing motor. This in turn makes for longer motor life, greater sustained horsepower, greatly increased mileage, and economy of operation.

« **Double Loop Trussed Frame on 61, 74, and 80 cu. in. Twins** » Another of the fine features of the 61 cu. in. is its amazing ease of handling. To a large extent, this is due to the double loop trussed frame. Owners have praised it highly. Because of its success on the 61 cu. in., this new frame is now incorporated on the 74 cu. in. and 80 cu. in. Twin models. The new type frame possesses unusual strength, makes for low saddle position, and low center of gravity of the entire motorcycle

The great 61 OHV motor. All models now have circulating pressure oiling.

The strong, double loop, trussed frame used on the 61, 74, and 80 Big Twins.

74 TWIN

« **Speedometer Equipped With New Drive** » Now, all 1937 models are speedometer equipped with large, easily read dials in the instrument panel. In the 61, 74, and 80 cu. in. Twins, the speedometer is driven by spiral gears in the gear box. Driving mechanism is constantly bathed in oil. In the 45 cu. in. Twin, the speedometer is driven by spiral gears enclosed in rear wheel brake side-plate. Again, adequate lubrication and freedom from water and dirt make for utmost satisfactory service. The drive cable on all models passes up between tanks and no cable is visible.

« **Four Speeds Forward on 61, 74, and 80 cu. in. Twins.** » The constant mesh design transmission with self-locking shifting clutches

2

PRESENTATION OF SUPERBLY ENGINEERED

1937

★ THIRTY FOUR years ago Harley-Davidson began building motorcycles—motorcycles that soon became favorites with riders everywhere because of their staunch and sturdy construction and the satisfactory service they rendered. In a remarkably short time the name, "Harley-Davidson," stood for the best in motorcycles and Harley-Davidson's fame has spread across the seas and around the world.

Through the years, the steady progress of Harley-Davidson has been marked by its important engineering contributions to motorcycling. Motorcycle enthusiasts have come to expect outstanding advancements by Harley-Davidson—advancements that have done so much to bring the motorcycle to its present high standard of efficiency. As we stand on the threshold of a new season, Harley-Davidson again presents a line of superb models—new models so replete with important engineering features that they are certain to win many thousands of new owners and loyal friends. Unquestionably these 1937 models will have a definite effect upon all motorcycle design.

For years Harley-Davidson engineers dreamed of a new motorcycle; a motorcycle that would eliminate many of the problems inherent in the motorcycle of conventional design, a new motorcycle that would render still greater service, longer life, greater operating economy, possessing superior, easy handling qualities. With this goal, they began planning and designing a new motorcycle that would retain all the best of the past and incorporate all those new principles that would produce a motorcycle unparalleled in performance and efficiency. For a long time rumors were afloat about this new motorcycle being developed by Harley-Davidson.

At last, Harley-Davidson engineers were ready. After 70,000 hours of testing and painstaking development, they knew they were bringing out a new motorcycle that would eclipse anything ever produced. A year ago the new creation—a 61 cu. in. overhead valve Twin motorcycle, combining many revolutionary and breath-taking achievements, informally made its

HARLEY-DAVIDSON

3

Take off ON THE NEW
HARLEY-DAVIDSON FOR
1937

You don't need a hangar; no need of a big landing field. Just climb on, give it the gun and fly to wherever you're going! That's Harley-Davidson Motorcycle performance. Under all conditions and the severest tests, the 1937 model delivers.

HOW YOU CAN ENJOY SPORTS AND ADVENTURE

First get a 1937 Harley-Davidson streamlined motorcycle. Then comrades gather, new worlds of sensation and red-blooded adventure open up. The lazy ocean beaches, the mysterious desert and the cloud-topped mountains come within your reach. "You can search beyond the ranges." Lungs expand with sunkist ozone, muscles stretch, blood races, cheeks tan and song comes unbidden to the man on a Harley-Davidson. He returns home ready for better effort —"a stout fellow."

DOWN COMES THE HIGH COST OF TRAVEL

You can't afford to stay at home when you find out how cheaply you can travel via the 1937 Harley-Davidson. A five-mile trip for the price of an ice cream cone! Think how far you can travel for a cocktail or a movie, and it's travel in comfort and safety. Power, price, beauty, speed and comfort all work for the happy owner of a 1937 Harley-Davidson. The proof of the puddin' is in the eating. Rich Budelier and Associate Dealers want you to come down and "eat."

RIDE TO WORK • RIDE FOR HEALTH •

4

5

1936 EL

Die 1936 vorgestellte „E“ war zu ihrer Zeit eine revolutionäre Konstruktion und gilt heute gemeinhin als Vorläuferin der modernen V-Twins. Trotz des relativ bescheidenen Hubraums von 61 Kubikzoll (1000 ccm) übertraf die neue ohv-Maschine die Motorleistungen ihrer seitengesteuerten Stallgenossinen mit 74 und 80 cu. in.-Triebwerken.

Oben links: Die Optik der Ventildeckel verschaffte dem offiziell „61 OHV“ betitelten Modell den Beinamen „Knucklehead“ (Knöchelkopf), wobei sich die „Knuckles“ der frühen OHVs sich als runde Kappen, die der späteren Modelle als markante Sechskantköpfe präsentierten. Diese Vergaserabdeckung fand sich nur an der 61 OHV des Jahres 1936.

Oben rechts: Die Airflow-Rückleuchte wurde übernommen, die meisten anderen Stylingelemente jedoch waren neu. Der Tank zeigte sich in sanfterer Tropfenform und mit überarbeitetem Dekor, während die Instrumente nun in einem speziellen Bord vereint waren *(links)*, ein bis heute unverkennbares Stilmerkmal aller Big Twins aus dem Hause Harley-Davidson.

1937 EL

Die E-Modelle des Jahres 1937 unterschieden sich nur geringfügig von der ursprünglichen Version. Dieses Exemplar entstand im Auftrag der California Highway Patrol, die Motorräder aus dem Hause Harley-Davidson bereits seit 1925 zu ihrem Fuhrpark zählte. Offensichtliche Unterscheidungsmerkmale gegenüber zivilen Maschinen waren in erster Linie die Polizeilackierung und der Luftfilter.

Rechte Seite: Die Tachometerskalierung der 1937er Modelle war von 100 auf 120 mph erweitert worden *(Mitte rechts)*. Diese Kotflügelleuchte *(unten links)* zählte ebenso wie diese anschraubbaren Satteltaschen *(Mitte links)* zu den beliebtesten Accessoires der damaligen Zeit. Der ergonomisch geformte Federsattel *(unten rechts)* glich den mangelnden Fahrkomfort des Starrahmens zu einem großen Teil wieder aus.

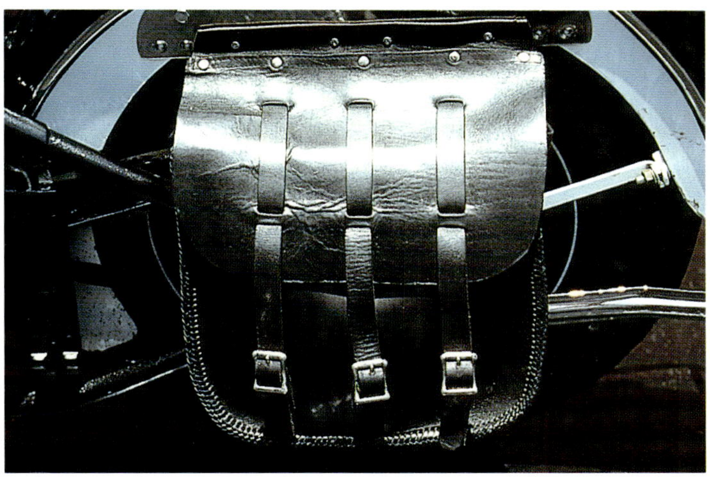

10 20 30 40 50 60 70 80 90 100 110 120

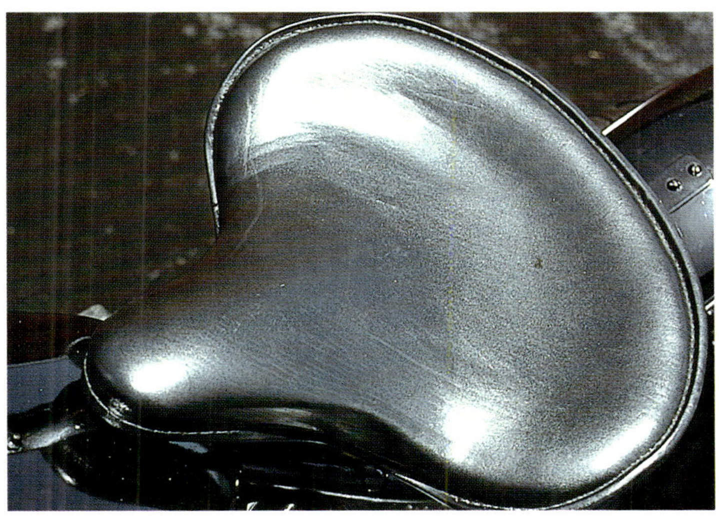

1937 ULH

Die Modellpalette Harley-Davidsons umfaßte neben der neuen 61 OHV auch weiterhin die seitengesteuerten Big Twins. Die bislang als V-Series firmierenden Modelle wechselten ihre Typenbezeichnung in U-Series und wurden in 74 bzw. 80 Kubikzoll angeboten. Die 80 cu.in.-Version erhielt dabei zusätzlich den Suffixcode „H“. Alle Flathead-Modelle präsentierten sich jetzt in der Optik ihrer moderneren Stallgenossin. *Oben links:* Dieses 1935 eingeführte Schalldämpferendstück wurde an den Big Twins bis ins Jahr 1941 verbaut. *Oben rechts:* Als überaus beliebt – und nützlich – erwiesen sich Weitstrahler im Doppelpack. *Mitte:* Big Twins bekamen außer der Umlaufschmierung der 61 OHV und den übrigen Modellpflegemaßnahmen natürlich auch neue Typenbezeichnungen mit auf den Weg. Modelle mit höher verdichteten Triebwerken erhielten als zweiten Zusatz ein „L“, so daß sich für die hier abgebildete ULH eine Klassifizierung mit 80 Kubikzoll und höherer Verdichtung ergibt.

1

2

1. Neue Motorräder verkauften sich bis in die späten Dreißiger nur schleppend, Grund für die in der Regel schlichte Aufmachung vieler Verkaufsbroschüren. **2.** Dieses 20 Zentimeter lange Spielzeugmotorrad mit Aufziehmechanismus zeigt, wie man seine Kinder wohl besser nicht transportieren sollte. **3.** Dieses ebenfalls mit Aufziehmechanismus ausgerüstete und etwa 28 cm lange Dreirad weist als Triebwerk einen dreizylindrigen Reihenmotor auf – ein Aggregat, das keine der bekannten Marken jemals im Programm hatte. **4.** Seinem Zustand nach zu urteilen, dürfte dieses gußeiserne „Crash Car“ seinem Namen bislang alle Ehre gemacht haben.

3

4

1936 1937

Ab 1936 müssen bestimmte Accessoires nicht mehr nachträglich angebaut, sondern können direkt ab Werk geordert werden, u. a. Kotflügelleuchte vorn, Satteltaschen und Chromzierat.

Die erste Knucklehead-Serie wartet mit unliebsamen Kinderkrankheiten auf, insbesondere mit Öldichtigkeitsproblemen an Zylindern und Zylinderköpfen.

1936 beginnt Douglas mit der Produktion der DC-3, die schon bald den Flugverkehr revolutionieren wird.

Das erste Flugzeug mit Strahltriebwerk, gebaut von Heinkel, unternimmt 1936 seinen Jungfernflug; ebenso erfolgreich verläuft der Jungfernflug des ersten Helikopters.

Der US-Athlet Jesse Owens erringt vier Goldmedaillen bei den Olympischen Spielen 1936 in Berlin; Adolf Hitler verläßt daraufhin empört das Olympiastadion.

Die Dichtigkeitsprobleme der E-Modelle können Mitte 1936 teilweise ausgemerzt werden; ein neues Schmiersystem wird für 1937 eingeführt; das Publikumsinteresse an der E steigt.

Alle drei seitengesteuerten Modelle erhalten für 1937 eine Motorschmierung nach dem Trockensumpfprinzip; offiziell heißen die Forty-five-Modelle nun „W series“, die Seventy-four- und Eighty-Modelle nun „U series“.

1

2

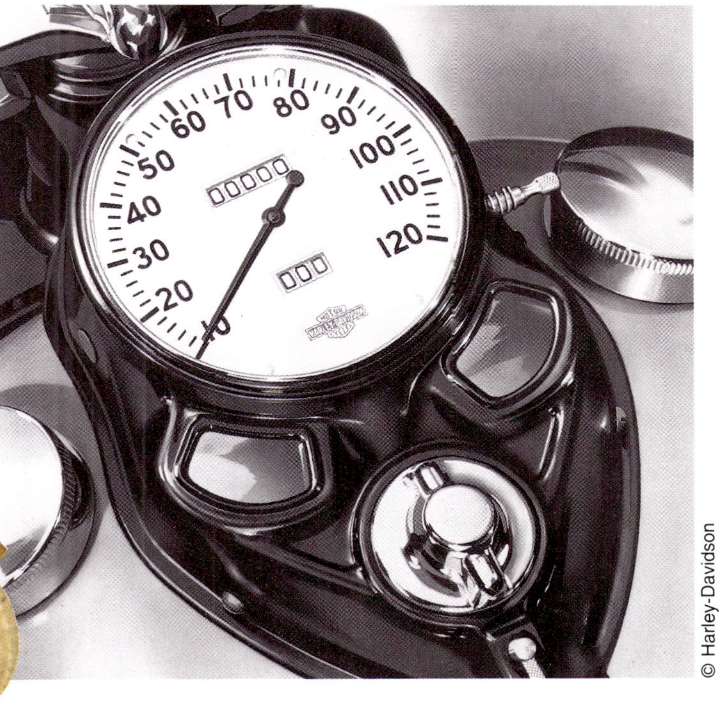

3

© Harley-Davidson

4

1. Harley-Davidsons 45 cu.in.-WLDRs mischten Ende der dreißiger Jahre die amerikanischen Flat-Tracks gehörig auf. **2.** Das Tankdekor der Jahre 1936–39 präsentierte sich im Art Déco-Look. **3.** Das Instrumentenbord der 1938er Modelle glich im Prinzip zwar der bisherigen Ausführung, wies aber statt Amperemeter und Öldruckmesser nun zwei Warnleuchten auf. Bereits nach einem unterzog man das neue Bord optischen Retuschen. **4.** Dieses aufziehbare Gespann des japanischen Spielzeugherstellers Masudaya Toys ist in der Ausführung recht detailliert, weist aber unerklärlicherweise einen längs angeordneten Dreizylindermotor auf.

1938
U

Das Modell U verfügte über ein niedrig verdichtetes 74-Kubikzoll-Aggregat und war speziell für den Seitenwagenbetrieb mit Personen- oder Lastenbeiboot konzipiert. Die übrigen Versionen der Seventy-four mit normaler Verdichtung leisteten 37–39 PS, die U mit ihrem Verdichtungsverhältnis von 5,0 : 1 hingegen nur um die 32 PS. Das auf dieser Doppelseite abgebildete Exemplar ist ausgerüstet mit einem Package Van vom Typ M, eine Kombination, die in dieser Art ebenfalls beim United States Post Office Verwendung fand. Ein Dreiganggetriebe mit Rückwärtsgang ermöglicht eine verbesserte Manövrierfähigkeit, und das am Beiboot angebrachte Reserverad ersetzt im Falle einer Reifenpanne sowohl das Rad des Seitenwagens als auch jedes der beiden Zugmaschinenräder.

1938 UL

Die als Solomaschine sehr beliebte UL bezog ihre Antriebskraft aus einem im Verhältnis 5,5:1 höher verdichteten 74-Kubikzoll-Seitenventiler. In das Modelljahr 1938 ging die UL mit neuem Tank- und Kotflügeldekor, blieb ansonsten aber weitgehend unverändert. *Rechts:* Das unter dem Scheinwerfer angebrachte Signalhorn mit verchromter Grillabdeckung diente nicht nur der Sicherheit, sondern war gleichsam Stylingelement.

Rechte Seite: Die Vergaserabdeckung *(Mitte rechts)* präsentierte sich als spiegelbildliche Ausführung des am 61 OHV-Triebwerk rechts sitzenden Ansaugtrichters. Dieser noch heute bei Harley-Fahrern überaus beliebte Diffusor *(unten rechts)* dämpfte zusätzlich das markante Auspuffgeräusch.

HARLEY-DAVIDSON

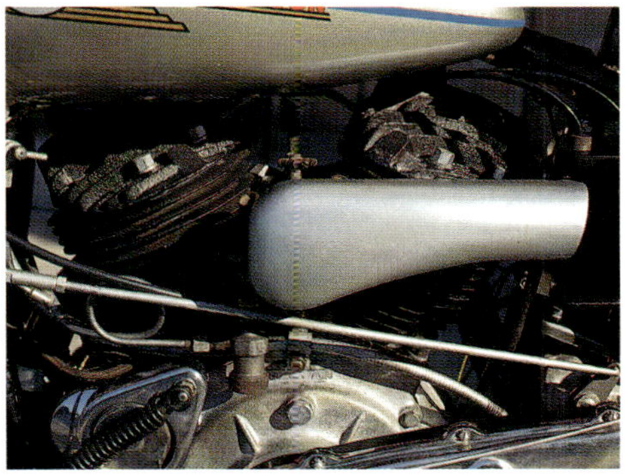

1938 EL

Harley-Davidson ergänzte für das Modelljahr 1938 die Ventildeckel mit zusätzlichen Blechabdeckungen, um den Ventiltrieb vollständig kapseln und damit auch gegen unerwünschten Ölaustritt wappnen zu können. Obwohl die gezeigte Maschine den Eindruck eines original belassenen Exemplars vermittelt, erkennt das geübte Auge diverse nicht serienmäßige Chromteile und Modifikationen. Ein trompetenförmiges Endrohr ersetzt den „Fishtail" *(oben);* das Instrumentenbord mit seinen Warnleuchten in Katzenaugenform *(rechts)* stammt von einem 1939er Modell; der verchromte Kugelgriff des Schalthebels ist nicht original, ebensowenig die von einem Modell des Jahres 1940 herrührenden Tankembleme *(rechte Seite, oben links);* die verchromte Kotflügelspitze *(oben links)* ist dem Zubehörangebot entnommen; und der Sattel schmückt sich mit einer ledernen Schürze sowie einer teilweise mit Leder eingefaßten verchromten Gesäßstütze.

HARLEY-DAVIDSON

1

2

© Harley-Davidson

1937 1938

Das Jahr 1937 bringt eine Änderung im Bohrung/Hub-Verhältnis der Seventy-four-Modelle; die Kolben stammen aus dem 61 OHV-Triebwerk, die Kurbelwelle aus der Eigthy.

Im März des Jahres 1937 stellt Joe Petrali auf einer modifizierten 61 OHV einen neuen amerikanischen Geschwindigkeitsrekord für Motorräder über 136 mph (218,8 km/h) auf; Fred Ham stellt für die 24-Stunden-Renndistanz mit einer Durchschnittsgeschwindigkeit von 76 mph (122,3 km/h), einschließlich aller Zwischenstopps, ebenfalls einen neuen Rekord auf.

Harley-Davidsons Belegschaft stimmt im April des Jahres 1937 für eine gewerkschaftliche Organisierung; zwei Tage nach der Abstimmung stirbt Firmenmitbegründer William A. Davidson.

Amelia Earhart verschwindet 1937 bei ihrem Rekordflug rund um die Erde spurlos über dem Pazifik.

Joe Louis, auch „Brown Bomber" genannt, erboxt sich 1937 den Schwergewichtstitel.

Die *Hindenburg* explodiert nach erfolgreicher Transatlantiküberquerung während der Landung in Lakehurst, New Jersey.

Die 61 OHV bekommt für 1938 eine voll gekapselte Ventilsteuerung; Amperemeter und Öldruckmesser werden durch Warnleuchten ersetzt.

1

Linke Seite:
1. Gruppenfoto mit den Bediensteten des Racine County Sheriff Departments in Wisconsin und ihrem zweirädrigen Harley-Davidson-Fuhrpark, aufgenommen 1939. **2.** Diese 61 OHV zeigt einige der Modellpflegemaßnahmen für das Jahr 1939: Instrumentenbord in Fahrzeugfarbe (statt Schwarz) mit „Katzenaugen"-Warnleuchten, neues Zweifarbschema, Chromzierleisten statt lackierter Zierstreifen entlang der Kotflügelseiten sowie neue Rückleuchte.

2

3

© Harley-Davidson

4

Diese Seite:
1. Joe Petrali, berühmter Rennfahrer im Zeichen Harley-Davidsons, wird nachgesagt, den Slogan „Ride a Winner" kreiert zu haben, hier zu sehen auf einem Händlerschild aus den späten Dreißigern. **2.** Der Besuch eines „berittenen" Kameraden ist immer eine Pause (und ein Gruppenbild) wert. **3.** Die seitengesteuerten Big Twins bekamen für das Modelljahr 1939 die Optik der 61 OHV. Augenscheinlichstes Unterscheidungsmerkmal dürften wahrlich nur die Triebwerke darstellen. **4.** Diese Stoffhaube bot zwar nur geringen Schutz, vermochte aber Brille und Frisur des Fahrers ausreichend im Zaum zu halten. **5.** Diese Batterie unterscheidet sich weitgehend von heutigen Konstruktionen, war aber für die per Kickstarter zu startenden Maschinen der damaligen Zeit vollkommen ausreichend. Eine originale Batterie mit Harley-Davidson-Logo aus den vierziger Jahren zählt zu den selteneren Teilemarktfunden.

5

1939 EL

Die intensiven, vornehmlich optischen Modellpflegemaßnahmen, denen Harley-Davidson die Modelle für das Jahr 1939 unterzog, entsprachen nicht unbedingt der zögerlichen Modellpolitik der damaligen Jahre. Neben einer neuen Zweifarblackierung erhielten die überarbeiteten Modelle unter anderem ein Instrumentenbord in Fahrzeugfarbe, Chromzierleisten an den Kotflügeln sowie eine neu gestaltete Schlußleuchte — sehr schön zu sehen an der hier gezeigten 61 OHV.
Links: Eine zwar bedeutsame, jedoch nicht gerade praktische Modifikation war zweifellos die Verlegung der konventionell zwischen erstem und zweitem Gang gelegenen Leerlaufposition zwischen die zweite und dritte Schaltstufe. Warum die Milwaukeer Konstrukteure diesen Schritt unternahmen, ist nicht überliefert, machten sie diese Änderung doch bereits ein Jahr später wieder rückgängig. Ebenfalls 1939 eingeführt wurde die Katzenaugenform für die Instrumentenbordleuchten.

1

© Harley-Davidson

2

© Harley-Davidson

3

© Harley-Davidson

4

© Harley-Davidson

Harley-Davidsons Modellpalette für das Jahr 1940 präsentierte sich nicht nur in einheitlicher Optik, sondern auch mit neuem Tankdekor und metallenem Tankemblem. **1.** Die Forty-five besaß gegenüber den übrigen Modellen einen rechtsseitig angeordneten Kettentrieb sowie einen für Benzin und Öl unterteilten Tank. **2.** Die Seventy-four verfügte ähnlich den anderen Big Twins über einen separaten Öltank unterhalb des Sattels, eine Werkzeugbox neben dem Hinterradkotflügel sowie einen linksseitigen Kettentrieb. **3.** Die Eigthy war für dieses Modelljahr serienmäßig mit Aluminiumköpfen ausgestattet; die Seventy-four war optional in dieser Form ebenfalls lieferbar. **4.** Augenscheinlichstes Erkennungsmerkmal der 61 OHV stellte zweifelsohne ihr markantes Knucklehead-Triebwerk dar.

1938 1939 1940

Deutschland marschiert in Österreich ein.

Erfindungen des Jahres 1938: Kugelschreiber, Teflon, Xerographie.

Das Jahr 1939 bringt weitere Modifikationen, so z. B. Warnleuchten in „Katzenaugen"- statt Rechteckform, ein in Fahrzeugfarbe lackiertes Instrumentenbord, eine neue Rückleuchte sowie die Verlegung der Leerlaufposition zwischen zweiten und dritten Gang – bereits nach einem Jahr wird diese Modifikation aber wieder rückgängig gemacht.

Die Forty-five WLD Special des Jahres 1939 erhält Zylinderköpfe in Aluminium.

Deutschland besetzt Polen und die Tschechoslowakei; England und Frankreich erklären Deutschland 1939 den Krieg.

In New York findet die Weltausstellung des Jahres 1939 statt.

Die Eigthy-Modelle werden ab 1940 serienmäßig, die Seventy-four-Modelle auf Wunsch mit Aluminiumzylinderköpfen ausgerüstet.

Alle Modelle rollen jetzt serienmäßig auf 16-Zoll-Rädern (vorher 18 Zoll).

1

1. Auch mit Sozia macht eine Harley-Davidson Spaß, hier zu sehen auf einer Postkarte des Jahres 1941. **2.** 1941 entwickelte Harley-Davidson einen Zweizylinder-Boxermotor für den Einsatz in einem Jeep-Prototypen; nur vier dieser Triebwerke wurden komplett aufgebaut. **3.** Die Umschlagsseite der Juliausgabe von *The Enthusiast* des Jahres 1942 zeigt Major General George Grunert auf einer 1942er XA. **4.** Diese Schirmmütze ist typisch für die Kopfbedeckungen, die Motorradfahrer in den vierziger Jahren zu tragen pflegten. Jeder der Anstekker erinnert an ein besonderes Ereignis. **5.** Viele der damaligen Motorradfahrer trugen dicke Stulpenhandschuhe, um sich vor den markigen Motorvibrationen, aber auch vor Wind und Wetter zu schützen.

2

4

3

5

1

1. Harley-Davidson stellte diese eher untypische Konstruktion speziell für die Armee her. Die mit quer liegendem Zweizylinderboxer und Kardanantrieb ausgerüstete Maschine vom Typ XA war eigens für den Wüstenbetrieb konzipiert, kam jedoch niemals an den Schauplätzen des zweiten Weltkriegs zum Einsatz. Nur 1000 Exemplare dieses Typs wurden gebaut. **2.** Die für Harley-Davidson konventionellere WLA mit 45 cu.in.-V-Twin fand beim Militär weitaus größeren Anklang, und kam auf ein Produktionsvolumen von etwa 80 000 Einheiten. Die hier abgebildete Maschine zog allerdings nie in den Krieg, ist sie doch die detailgetreue Modellnachbildung des Originals. Solch perfekte Modelle erfreuten sich in den Nachkriegsjahren einer großen Beliebtheit.

2

1940 1941 1942

Ab 1940 produziert Harley-Davidson spezielle Militärmaschinen: eine Forty-five-V-Twin unter der Bezeichnung WLA und eine Neukonstruktion unter der Bezeichnung XA, ausgestattet mit einem quer eingebauten, seitengesteuerten 45-Kubikzoll-Zweizylinderboxer und Kardanantrieb.

Deutschland dehnt seine Besitzansprüche auch auf andere europäische Länder aus.

Die Modellpalette wird ab 1941 ergänzt durch eine großvolumigere Knucklehead-Version mit 74 cu.in.-Triebwerk; diese offiziell als F-Serie bezeichnete Motorenreihe überdauert bis in die achtziger Jahre.

Innerhalb eines Jahres, von 1940 auf 1941, verdoppeln sich die Produktionszahlen.

Der japanische Angriff auf Pearl Harbour am 7. Dezember 1941 zwingt die USA zum Eintritt in den zweiten Weltkrieg.

Firmenmitbegründer Walter Davidson stirbt im Februar des Jahres 1942.

Im Februar 1942 kommt die Automobilproduktion zum Erliegen.

Der Krieg gebärt zahlreiche nützliche, aber auch fragwürdige technologische Entwicklungen, wie z. B. 1942 schlauchlose Reifen und die erste kontrollierte nukleare Kettenreaktion.

1

© Harley-Davidson

© Harley-Davidson

2

1–2. Eine andere kriegsbedingte Entwicklung stellte dieser Dreiradprototyp mit Maschinengewehraufbau dar (dieses MG ist allerdings aus Holz modelliert). Angetrieben wurde dieses Gefährt von einem seitengesteuerten Seventy-four- oder Eighty-Aggregat; die Tankembleme entstammten der Serienversion. **3.** Die Januarausgabe des Jahres 1943 von *The Enthusiast* schmückte sich mit Tyrone Power und Preston Foster, zwei von vielen Hollywoodstars, die im Laufe der Jahre ihre Liebe zu Motorrädern entdeckten.

3

1942 WLA

Erzrivale Indian lieferte zwar ebenfalls Motorräder an die amerikanischen Streitkräfte, doch der Zweiradbestand des Militärs rekrutierte sich zum größten Teil aus Harley-Davidsons Modell WLA. Die in Olivgrün lackierten 45 cu. in.-Maschinen entsprachen Harleys W-Baureihe, verfügten aber zusätzlich über eine spezielle Ausstattung für den Kriegseinsatz. Frühe Versionen trugen ihren Scheinwerfer oberhalb des Signalhorns, ihre Positionen tauschten jedoch im Verlauf des Jahres 1942. Während der Kriegsjahre entstanden an die 80 000 Exemplare, wobei Restbestände noch nach Kriegsende verkauft wurden – und das für einen Stückpreis von $ 25. Diese WLAs entledigte man oftmals ihrer Militärausrüstung und baute statt dessen Teile aus dem Zubehörhandel an – der Grundstein für das später so populäre Customizing war gelegt. Um bei Dunkelheit nicht von feindlichen Truppen aufgespürt zu werden, besaßen die WLA-Modelle eine zusätzliche Verdunkelungsbeleuchtung *(links unten)*.

1942 XA

Bereits zur damaligen Zeit zählte das Militärmodell XA zu den selteneren Vertretern Milwaukeer Motorradbaukunst. Konzipiert für den Wüsteneinsatz, repräsentierte diese Maschine eine für Harley-Davidson eher untypische Bauform. Neben einem an damalige BMW-Konstruktionen angelehnten Zweizylinder-Boxermotor verwendete die XA Fußschaltung mit handbetätigter Kupplung, Kardanantrieb sowie hinten eine Geradwegfederung wie auch Indian sie verbaute. Nur 1000 Exemplare wurden produziert, doch keine dieser Maschinen gelangte je zum Einsatz, ihr Tätigkeitsfeld übernahm der Jeep. Die von der Armee verlangten Spezifikationen umfaßten u.a. einen großvolumigen Ölbadluftfilter, Sandschutzschilde *(rechts)* sowie eine verlängerte Vorderradgabel mit zusätzlichem Stoßdämpfer *(rechte Seite, unten links)*. Obwohl der Tachometer bis 120 mph skaliert war, warnte eine spezielle Plakette, die auch diverse Wartungshinweise enthielt, den Fahrer davor, 65 mph nicht zu überschreiten *(rechte Seite, unten rechts)*.

200 CARTRIDGES

10 20 30 40 50 60 70 80 90 100 110 120

XA MODEL
CAUTION
DO NOT EXCEED 65 M.P.H
USE H.D. SPARK PLUGS
LUBRICATION
ENGINE AND TRANSMISSION
BELOW (-10°F) S.A.E. 10W
REAR WHEEL DRIVE GEARS
UNIVERSAL GEAR LUBRICANT
PUBLICATIONS APPLYING TO VEHICLE
PARTS LIST TM 10 1292
MAINTENANCE MANUAL TM 10 1293
MILWAUKEE, WIS

1

2

1. Diese beiden Soldaten mögen zwar im Dienst für dieselbe Sache gekämpft haben, privat zogen sie jedoch „feindliche“ Lager vor, links eine Harley-Davidson Forty-five aus den späten Dreißigern, rechts eine Indian Chief ähnlichen Baujahrs. **2.** Diese Verkaufsbroschüre des Jahres 1940 präsentiert dem potentiellen Kunden die ganze Bandbreite an Harley-Davidson-Modellen samt ihrer einzelnen Vorzüge – rhetorisch garniert mit nicht gerade zurückhaltendem Patriotismus.

1943
1944
1945

Harley-Davidson liefert während des zweiten Weltkriegs 80 000 WLA-Modelle an das Militär.

Die WLA ist ausgerüstet mit dem bewährten Flathead-Triebwerk und spezieller Militärausstattung.

Firmenmitbegründer William S. Harley stirbt im September 1943.

Das XA-Modell ist mit quer eingebautem Zweizylinder-Boxermotor und Kardanantrieb speziell für den Wüsteneinsatz konzipiert. Es entstehen nur 1000 Exemplare, von denen jedoch keins zum Kriegseinsatz gelangt.

US-Präsident Franklin D. Roosevelt stirbt im Januar 1945; Harry Truman tritt seine Nachfolge an.

Deutschland kapituliert im Mai 1945.

1

2

1–2. Diese gut erhaltene WLA befindet sich im Harley-Davidson Museum in York, Pennsylvania, aufgebaut vor bildlich festgehaltenen Kriegserinnerungen. **3.** Polizeibeamte präsentieren stolz ihre neuen Dienstmotorräder – derart gestaltete Werbeanzeigen wie diese aus dem Jahr 1945 sollten nach dem Krieg die Verkaufszahlen nach oben treiben.

3

1. Die abenteuerlustige Dame auf der Titelseite der Januarausgabe von *The Enthusiast* des Jahres 1945 ist die Ehefrau eines der Autoren. Motorradfahrende Frauen gehörten in den Nachkriegsjahren nicht gerade zum alltäglichen Straßenbild. **2.** In Zeiten, als Zeitungen und Bücher noch handgesetzt wurden, existierten auch solche Stempel, mit denen Händler ihrer Korrespondenz einen offizielleren Status verleihen konnten. Zur besseren Lesbarkeit sind die Stempel spiegelverkehrt abgebildet. **3.** In den vierziger Jahren stellte Harley-Davidson Händlerstützpunkten für den Verkauf diverser Ersatzteile solche Displays zur Verfügung. Vor 50 Jahren dürfte sich dieses Arrangement allerdings in einer frischeren Optik präsentiert haben. **4.** Ein berittener Polizist und sein treuer Untersatz, aufgenommen in den vierziger Jahren.

1

2

3

4

1945
1946

Am 6. August 1945 fällt die erste Atombombe auf Hiroshima.

Drei Tage später, am 9. August, werfen die Amerikaner eine zweite Atombombe über Nagasaki ab; Japan kapituliert.

Restbestände von WLA-Modellen werden zu Stückpreisen von $ 25 verkauft; viele von ihnen werden für den Straßeneinsatz umgebaut, und begründen ansatzweise das später so populäre Customizing.

1

1. Diese WR des Jahres 1946 ist aufgebaut mit einem speziellen Chrommolybdän-Rahmen und verzichtet, wie andere Dirt-Tracker der Epoche, auf eine Bremsanlage. Diese von einem 45 cu.in.-V-Twin befeuerten Maschinen erwiesen sich in der Hand eines begabten Fahrers als wahre Wunderwaffen. **2.** Diese originale Harley-Davidson-Schirmmütze schmücken zahlreiche von der American Motorcycle Association herausgegebene Anstecknadeln.

2

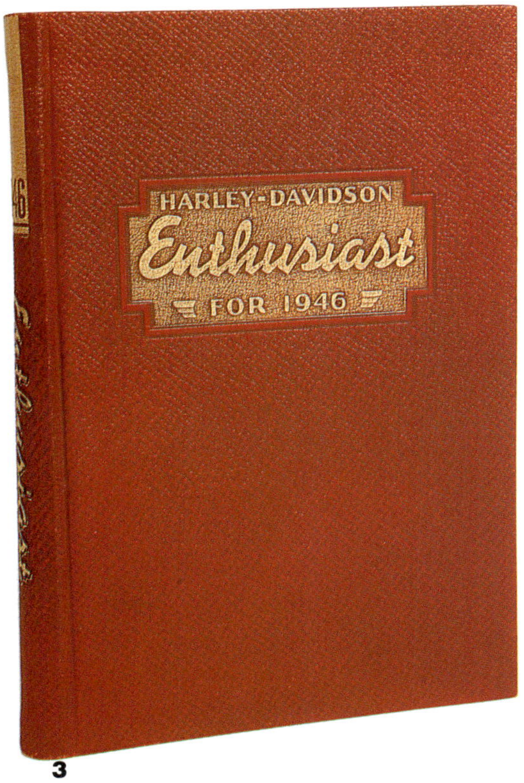

3

4

3. Nach Kriegsende erschienen auch gebundene Jahrgangsausgaben von *The Enthusiast,* hier zu sehen die Ausgabe des Jahres 1946. **4.** Für eine Fahrt auf einer Harley-Davidson ist es nie zu spät. Diese originalgetreue Reproduktion einer zeitgenössischen Großuhr verfügt sogar über die ursprüngliche neonfarbene Hintergrundbeleuchtung.

1947
EL

Das letzte Modell der Knucklehead-Ära debütierte 1947 und präsentierte sich leicht modifiziert. Die hier abgebildete Maschine, eine 61 OHV, firmierte unter der Typenbezeichnung EL, während die 1941 eingeführte 74 cu.in.-Version als FL gelistet wurde. Nach Kriegsende führte Harley-Davidson neben einem neuen Tankemblem *(links)* auch ein neu gestaltetes Instrumentenbord mit zusammengelegten Kontrollleuchten *(Mitte rechts)* ein.

Untere Bildreihe, von links: Diese aufgrund ihrer Ähnlichkeit mit einem Grabstein auch „Tombstone“ genannte Rückleuchte kam 1947, während die für Harley typische Kombination aus Trittbrettern und stehendem Bremspedal nahezu unverändert weitergeführt wurde. Der Sattel zeigte sich jetzt stärker gepolstert und wies zudem eine tiefere Ausformung auf.

1947
FL Servi-Car

Dieses dreirädrige Gefährt zählt sicherlich nicht zu den fotogensten Motorrädern dieses Buches, zweifellos aber ist es eins der ganz seltenen Vertreter der Harley-Davidson-Zunft, schließlich wurde diese Servi-Car-Variante mit Kardanantrieb nur ein halbes Dutzend mal gebaut. Die Typenbezeichnung FL deutet darauf hin, daß als Antriebsaggregat die bereits 1941 eingeführte 74 cu.in.-Version des 61 OHV-Knucklehead-Twins im Einsatz ist. Der Vorderradkotflügel ähnelt denjenigen der Militärmodelle, während die ausgebleichte Lackierung auf das in den Kriegsjahren favorisierte Militärgrün, das sogenannte Olive Drab, schließen läßt. Obwohl die abgebildete Maschine, ihrer mitgenommenen Optik nach zu urteilen, durchaus in Übersee „gekämpft" haben könnte, stammt sie dennoch aus dem Jahr 1947. Deutlich zu erkennen sind die Rastpositionen des mit Rückwärtsgang ausgerüsteten Dreiganggetriebes *(unten links).*

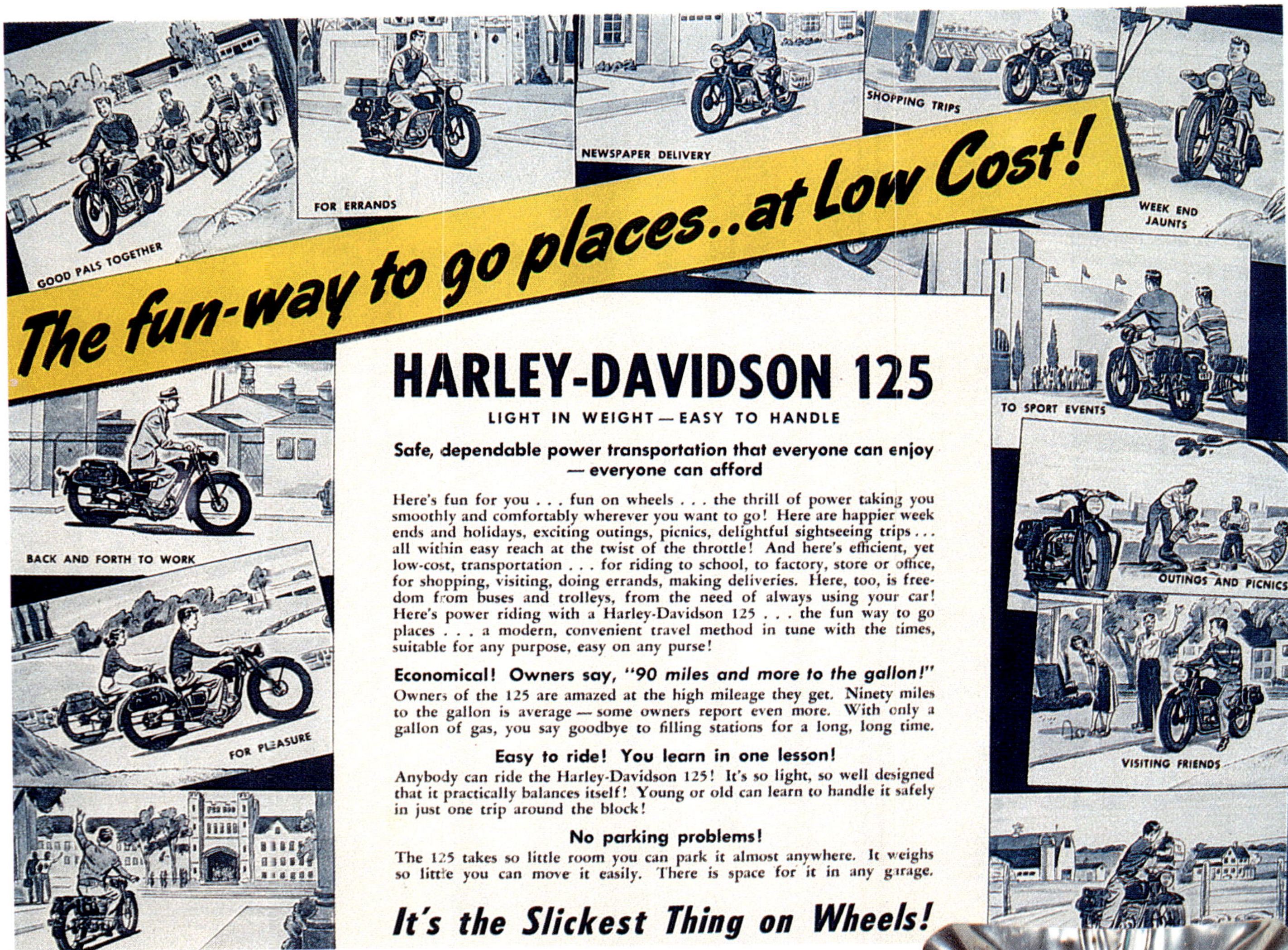

1

1. Harley-Davidsons Versuch, dem Bedürfnis der aus dem Krieg heimkehrenden Soldaten nach Mobilität zu entsprechen, gebar 1947 die S-125. Konstruiert nach Plänen des deutschen Herstellers DKW offerierte Harley-Davidson ein Modell in einer für das Unternehmen vollkommen untypischen Bauform — das die Öffentlichkeit überdies kaum mit der berühmten Marke aus Milwaukee assoziierte. Die Werbung ereiferte sich dennoch, das zweitaktende Modell als das erste preiswerte und wirtschaftliche Motorrad für Jung und Alt anzupreisen. **2.** Dieser einfach gestaltete Aschenbecher mit geprägtem Harley-Davidson-Logo wurde in den vierziger Jahren Händlern als Werbegeschenk überreicht.

2

1946 1947

Nachkriegs-Harleys präsentieren sich mit neuem Tankemblem.

Aluminiumzylinderköpfe verhelfen ab 1946 auch den Flathead-Modellen zu verbesserter Motorkühlung — allerdings nur als Option zu einem Aufpreis von $ 7.

Die Milwaukeer Modellpalette umfaßt für 1947 ebenfalls ein Einzylinder-Zweitaktmodell, die S-125, basierend auf einer Konstruktion des deutschen Herstellers DKW.

Jackie Robinson unterzeichnet als erster Afro-Amerikaner einen Vertrag bei einer Baseballmannschaft der obersten Spielklasse.

1

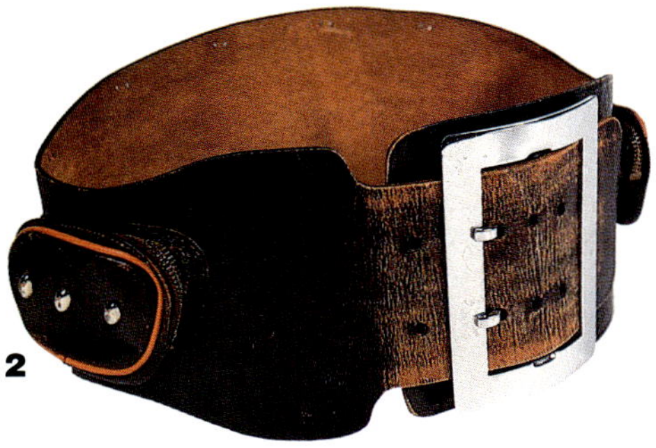

2

4

3

1. „Low Cost“ dürfte im Zusammenhang mit der S-125 durchaus zutreffend gewesen, „Power Riding“ hingegen über das Ziel hinausgeschossen sein. **2.–3.** Da weder große noch kleine Harleys den Komfort einer Hinterradfederung genossen, erwies sich ein solcher Nierengurt (hier mit zusätzlichen Seitentaschen) als durchaus nützliche Kleidungsergänzung. **4.** Die ursprüngliche Haltestange dieses beleuchteten Händlerschilds aus den vierziger Jahren wich einer offensichtlich intakteren Kettenaufhängung, zu sehen bei Swim's Harley-Davidson in Energy, Illinois.

Die Panhead-Ära

Selbst der zweite Weltkrieg hinderte Harley-Davidson nicht daran, wertvolle Erfahrungen in technologische Weiterentwicklungen zu investieren. Während die WLA-Modelle mit ihren seitengesteuerten 45 cu. in.-Aggregaten in großer Stückzahl für die Armee produziert wurden, begaben sich die Werksingenieure an die Verbesserung des Knucklehead-Triebwerks. Ein großer Teil der Modifikationen floß in die Zylinderköpfe, deren neue Ventildeckel nun aussahen wie umgedrehte Bratpfannen. Wie schon in früheren Zeiten kreierte die Optik des überarbeiteten Motors erneut einen kurzen, aber prägnanten Beinamen. Mit dem „Panhead" sollte für Harley-Davidson eine neue Ära des Motorradbaus anbrechen.

Viele Enthusiasten trauerten der Knucklehead-Generation nach, doch das 1948 vorgestellte Panhead-Triebwerk entschädigte mit einer Reihe beachtlicher Neuerungen. Wichtigstes Merkmal der neuen Motorenfamilie war sicherlich die Verwendung von Hydrostößeln, die selbsttätig jegliches Spiel im Ventiltrieb ausglichen. Verminderte Geräuschentwicklung und geringerer Wartungsaufwand waren die großen Vorteile dieses Funktionsprinzips. Die nun aus Aluminium gegossenen Zylinderköpfe sorgten zudem für eine verbesserte Motorkühlung.

Ebenso von einschneidender Bedeutung für die weitere Modellentwicklung erwies sich die im folgenden Jahr präsentierte Hydra-Glide-Vorderradgabel. Der Wechsel von der altbackenen Längslenkerkonstruktion (die in Grundzügen noch aus dem Jahr 1907 stammte) auf eine hydraulisch gedämpfte Teleskopgabel bereinigte nicht nur das optische Gesamtbild, sondern brachte gleichzeitig auch eine Verdoppelung des Federwegs. Die Modellgeneration des Jahres 1949 erhielt dementsprechend die offizielle Bezeichnung „Hydra-Glide" – offiziell deshalb, weil Spitznamen wie „Knucklehead" oder „Panhead" bisher der sprachlichen Fantasie harleybegeisterter Motorradfahrer entsprungen waren. Dieser Name fand sich bis ins Jahr 1959 eingeprägt in den oberen Gabelhüllen.

Die nachfolgenden Jahre brachten nur geringfügige Modifikationen, bis schließlich für die Big Twins im Jahre 1952 eine auf Wunsch lieferbare Handkupplung-/Fußschaltung-Kombination eingeführt wurde. Wie jeder Wechsel in modernere Dimensionen benötigte auch dieses Arrangement eine gewisse Zeit, bis es sich am Markt zu etablieren vermochte. Mitte der fünfziger Jahre jedoch hatte sich das harleyfahrende Publikum bereits an das neue Prinzip gewöhnt, und obwohl Harley-Davidson die Handschaltung noch bis ins Jahr 1978 im Programm behielt, verkauften sich jährlich nur selten mehr als 200 derart ausgerüsteter Maschinen.

Das Jahr 1953 bedeutete einen erheblichen Einschnitt in der amerikanischen Motorradgeschichte, und das nicht etwa weil Harley-Davidson neue, bahnbrechende Neuerungen einführte, sondern weil Harleys Erzrivale, die Indian Motorcycle Company, nach fast 50 Jahren intensiven Konkurrenzkampfs die Werkstore für immer schloß. Grund für das tragische Ende dieser weltberühmten Motorradmarke war in den Augen vieler Amerikaner in erster Linie die Tatsache, daß Indian in punkto Produktqualität Harley-Davidson niemals hatte das Wasser reichen können. Diese Sichtweise war natürlich viel zu engstirnig, hatte Indian doch bereits vor dem zweiten Weltkrieg mit schwerwiegenden internen Problemen zu kämpfen. Der harte Konkurrenzkampf mit Harley-Davidson erwies sich dabei als zusätzliche Belastung, von der ausländischen Konkurrenz der Nachkriegsjahre einmal ganz zu schweigen, denn die setzte auch der Milwaukeer Edelschmiede gehörig zu.

Nach Kriegsende offerierten Indian und Harley-Davidson kleinvolumigere Motorräder, die der aus Europa einströmenden Konkurrenz Paroli bieten sollten. Weder Indian noch Harley-Davidson gelang es, in diesem neuen Marktsegment Fuß zu fassen.

Von den fünfziger Jahren bis hinein in die siebziger Jahre produzierte Harley-Davidson als Ergänzung zu den Big Twins kontinuierlich auch kleinere Modelltypen. Gipfelte die W-Serie im Laufe der Jahre noch in der berühmten Sportster, so bedeuteten die unspektakuläreren Modelle, trotz ihrer vielfältigen Vorzüge, für viele Harleyfans eher einen Imageverlust. Kleinvolumige Straßenmotorräder, Motorroller und selbst Geländemaschinen zählten über lange Jahre zum erweiterten Verkaufsangebot des Milwaukeer Zweiradgiganten.

Doch zurück zu Harley-Davidsons berühmten Imageträgern, den Big Twins. Nach dem fünfzigsten Firmenjahr, das mit speziellen Jubiläumsausgaben der 1954er Modellgeneration entsprechend gefeiert wurde (warum allerdings 1954 und nicht 1953 das Jubiläumsjahr war, bleibt ein Mysterium, zumal der 90. Firmengeburtstag dann wieder im Jahr 1993 und nicht 1994 begangen wurde), präsentierte die berühmte Milwaukeer Marke im Jahre 1958 einen weiteren Meilenstein ihrer Fimengeschichte, die Duo-Glide. Endlich bot auch Harley-Davidson – bereits Jahrzehnte zuvor hatte der ehemalige Erzrivale Indian eine Hinterradfederung eingeführt – ein voll gefedertes Fahrwerk an. Gegenüber Indians Geradwegfederung vermochte Harley-Davidsons Hinterradschwingenkonstruktion jedoch mit komfortableren Fahreigenschaften zu überzeugen.

Die folgenden Jahre begnügten sich mit nur geringfügigen Neuerungen. Die bedeutsamste Modifikation sollte jedoch erst in der letzten Saison der Panhead-Ära zur Serienreife gelangen. Nach sechs Jahrzehnten kräftezehrender Startprozeduren kamen Harleyfahrer im Jahre 1965 mit der Electra Glide endlich in den Genuß eines Elektrostarters. Diese Modellreihe überlebte bis heute, die Panhead-Ära neigte sich jedoch schon bald ihrem Ende zu. Es war Zeit für einen Wechsel, ein Wechsel, der in den Augen vieler Enthusiasten dem Unternehmen allerdings nicht unbedingt zur Ehre gereichte.

1

2

3

© Harley-Davidson

1948
1949

Das „Panhead"-Triebwerk wird für 1948 eingeführt; besondere Merkmale sind Hydrostößel und Aluminiumzylinderköpfe.

Die Schaltkulisse des Vierganggetriebes erhält ein neues, jetzt nach vorn zu schaltendes Schema (ausgeliefert bereits seit 1947).

Das neue Triebwerk wird in zwei Hubraumvarianten angeboten: 61 und 74 Kubikzoll (1000 und 1213 ccm).

Die Panhead-Modelle finden begeisterten Zuspruch, die Verkaufszahlen steigen auf rekordverdächtige 32 000 Einheiten.

Ein diebstahlsicheres Lenkkopfschloß wird eingeführt.

Harry Truman bleibt Präsident der Vereinigten Staaten von Amerika.

Der Flugzeugpilot Chuck Yeager durchbricht 1948 in einer raketengetriebenen X-1 die Schallmauer.

Die Längslenkergabel wird 1949 durch eine moderne Telegabel ersetzt, die Hydra-Glide ist geboren.

1949 debütiert die Polaroid-Sofortbildkamera.

1

2

Linke Seite:

1–2. Die Einführung der „Panhead"-Triebwerke im Jahre 1948 wurde begleitet von überschwenglichen Werbeslogans, die den neuen Harleys einen hohen Freizeitwert und ein einmaliges Fahrerlebnis attestierten. **3.** Die Forty-five war für das Modelljahr 1948, abgesehen einmal von ihrem Flathead-Aggregat, optisch auch weiterhin an die Big-Twin-Modelle angelehnt.

Diese Seite:

1–3. Kurz nach dem Debüt der Panhead-Motoren wartete Harley-Davidson für das Jahr 1949 mit einer weiteren Neuerung auf, einer teleskopischen Vorderradgabel, ebenfalls begleitet von überaus blumiger Werbesprache. **4.** Dieser „Monkey Rider" mit turnendem Affen stammt aus dem Hause Kanto Toys.

3

4

1948 FL

Das 1948 eingeführte Panhead-Triebwerk zeichnete sich vor allem durch Aluminiumzylinderköpfe und Hydrostößel aus, Voraussetzungen für eine verbesserte Motorkühlung und einen geringeren Wartungsaufwand. Bereits ab 1947 verbaut, erhielt das Modelljahr 1948 offiziell ein Schaltschema in umgedrehter Folge, beginnend beim Fahrer mit der ersten Schaltposition. Größere Modifikationen flossen in die FL-Modelle für das Jahr 1948 nicht ein.

Rechte Seite, von oben links: Der verchromte Ölfilter wurde nachträglich angebaut, ist also kein Serienteil. Das Tankemblem übernahm man von den Vorjahresmodellen. Die Sägezahnform des Auspuffendstücks hielt sich bis in die siebziger Jahre. Ebenfalls aus dem Vorjahr stammte die „Tombstone"-Rückleuchte. Wie bereits in den Jahren zuvor diente die verchromte Leuchte des Vorderradkotflügels weniger der Ausleuchtung der Fahrbahn als vielmehr der optischen Aufwertung der Maschinen.

HARLEY-
DAVIDSON

1948 WL

Das Jahr 1947 bedeutete für Harley-Davidsons große Flathead-Modelle mit ihren 74- und 80-Kubikzoll-Aggregaten das Aus. Dementsprechend ging als einzige verbleibende Flathead die WL mit 45 cu.in.-V-Twin in das Modelljahr 1948. Ihr Styling war stark angelehnt an die obengesteuerten Panhead-Modelle, so daß als prägnantes Unterscheidungsmerkmal nur der Motor herangezogen werden konnte. Nachfolger der WL wurde die ebenfalls seitengesteuerte K-Serie, die von 1952 bis 1956 im Programm blieb. Der 45 cu.in.-Flathead-V-Twin hingegen verrichtete noch bis ins Jahr 1973 seinen zuverlässigen Dienst in den praktischen Servi-Cars.

1948 S-125

Die Nachkriegszeit verlangte auch von Harley-Davidson ein kostengünstiges Modell für finanzschwache Käufer. Die auf einer Konstruktion des deutschen Zweiradherstellers DKW beruhende S-125 verfügt über einen einfachen Zweitakt-Einzylindermotor mit einem Hubraum von 125 ccm sowie über ein fußzuschaltendes Dreiganggetriebe. Eine einfache Trapezgabel in einem Starrahmen sorgt für recht spartanischen Fahrkomfort. Die kurze Tropfenform des Tanks ist nahezu identisch mit derjenigen Tankform der später eingeführten Sportster. Ohne das Tankemblem allerdings fiele die Identifizierung dieser Maschine als echte Harley-Davidson recht schwer. Gleich zu Verkaufsbeginn als exzellentes Anfängermotorrad beworben, erreichte die S-125 gleich in den ersten sieben Monaten des Jahres 1947 ein Verkaufsvolumen von über 10 000 Einheiten. Überraschenderweise blieb dieses Modell 13 Jahre lang nahezu unverändert in Produktion.

HARLEY-DAVIDSON

HARLEY-DAVIDSON

1948 FL

Das Jahr 1948 war das Geburtsjahr der „Panhead“, die als Weiterentwicklung der „Knucklehead“ die Angebotspalette entscheidend bereicherte. Ihre Namensgebung verdankt sie den großflächigen Ventildeckeln, die den Eindruck umgedrehter Bratpfannen erwecken. Die Zylinderköpfe waren in Aluminium gegossen, was gegenüber den gußeisernen Pendants der Knucklehead eine erheblich verbesserte Motorkühlung bedeutete. Eine Neuerung stellten auch die Hydrostößel dar, die nicht nur geräuschärmer arbeiteten, sondern anfallende Einstellarbeiten am Ventilspiel nahezu auf ein Minimum reduzierten. Die Umlaufschmierung des neuen Triebwerks präsentierte sich ebenfalls überarbeitet. Seit 1941 bot Harley-Davidson den obengesteuerten V-Twin in der ursprünglichen 61 cu.in.-Version sowie auch in der hubraumstärkeren 74 cu.in.-Variante an, eine Tradition, die in der Panhead-Ära fortgeführt wurde – wenn auch nicht für lange Zeit. Das hier gezeigte Exemplar schmückt sich mit diversen beliebten zeitgenössischen Accessoires, wie beispielsweise Sturzbügeln, Getriebegehäusedeckel und Auspuff in Chrom sowie sportlichem Windschild und lederner Sattelschürze.

1948 WR

Harley-Davidson konzipierte die WR als reinrassige Rennmaschine für die Teilnahme an den populären Dirt-Track-Rennen der sogenannten C-Klasse — daher verzichteten diese Renner auch auf Beleuchtung, Hupe, Kotflügel und Bremsen. Der seitengesteuerte 45-Kubikzoll-V-Twin glänzte vielleicht nicht mit der höchsten Motorleistung im Konkurrentenfeld, doch sein breites nutzbares Drehzahlband verschaffte ihm in Kombination mit dem handzuschaltenden Dreiganggetriebe enorme Vorteile. Eine konventionelle „Springer"-Gabel hielt das Vorderrad im Zaum, während das Hinterrad in einer starren Rahmenkonstruktion geführt wurde. Für spartanischen Komfort sorgte der Federsattel, ergänzt durch ein Sitzkissen auf dem kurzen Hinterradschutzblech, das dem Fahrer in flachliegender Sitzhaltung zusätzliche Sitzfläche bot.

33p

33p

1949 FL

Das 1948 bereits mit Begeisterung aufgenommene Panhead-Triebwerk fand seine perfekte Ergänzung 1949 in Form einer neuartigen Vorderradgabelkonstruktion, der die neue Modellgeneration den einprägsamen Modellnamen „Hydra-Glide“ verdankte. Die statt der traditionellen „Springer“-Gabel verbaute Teleskopgabel läutete für Harley-Davidson eine neue Ära in Bezug auf die Typisierung der einzelnen Modelle ein. Von diesem Zeitpunkt an erhielten zukünftige Modelle von ganz offizieller Seite Namensbezeichnungen, die zuvor nur in Insiderkreisen kreiert worden waren (wie beispielsweise „Knucklehead“ oder „Panhead“). Zusätzlich zu den Trittbrettern verfügte der Fahrer jetzt über einstellbare Fußrasten – ein Novum in den vierziger Jahren. Viele Fahrer schmückten ihre nicht gerade spärlich ausgestatteten Maschinen gern auch mit allerlei verspieltem Chromzierat, wie hier am Hinterradkotflügel sehr schön zu erkennen ist *(unten rechts)*.

1

© Harley-Davidson

2

3

1. Wichtigste Modifikation für das Jahr 1950 war der Wechsel vom „Fishtail“ auf ein konventioneller geformtes Auspuffrohr. **2.** Der Traum von der großen weiten Welt zog sich auch in den frühen fünfziger Jahren wie ein roter Faden durch Harley-Davidsons Werbebroschüren. **3.** Diese exzellente WR mit Chrommolybdänrahmen dürfte 1950 in einem weitaus weniger perfekten Zustand vom Band gerollt sein.

1950 1951 1952

Harley-Davidson läßt nicht nur Verbesserungen in die Standardmodelle einfließen, sondern führt zusätzliche Modellvarianten für bestimmte Einsatzzwecke ein.

Senator Joseph McCarthy eröffnet seine Hetzkampagne gegen „kommunistische Umtriebe“.

Walter Davidson, der letzte der Firmengründer, stirbt 1950 bei einem Autounfall.

Der erste für den kommerziellen Verkauf produzierte Computer, der UNIVAC, wird 1951 an das „U.S. Bureau of Census“ verkauft.

Die USA entsenden 1951 die ersten Truppen nach Korea.

1952 wird die erste Polio-Impfung getestet.

Richard Nixon hält seine berühmte „Checkers“-Rede; General Dwight D. Eisenhower wird US-Präsident, Nixon Vizepräsident.

Der 61 cu. in.-Panhead wird 1952 aus dem Programm genommen.

Die K-Serie ersetzt die W-Serie; als Antrieb fungiert ein überarbeiteter 45-Kubikzoll-Flathead mit Vierganggfußschaltung.

1

2

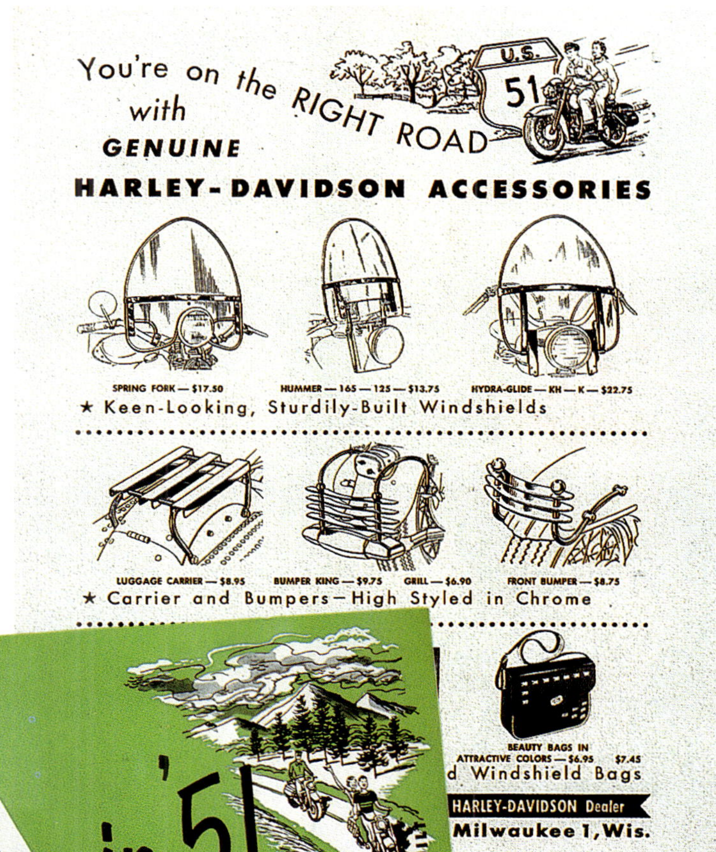

3

4

1. Postkarten dienten schon immer der Vermittlung positiver Gefühlsstimmungen, hier eine Postkarte des Jahres 1951. **2.** Die Titelseite der Apriledition von *Post* des Jahres 1951 zeigt, welche Faszination die Big Twins auf die heranwachsende Generation ausübten. **3.** Windschutzscheiben, Chromzierat, Satteltaschen… der Zubehörkatalog von Harley-Davidson stellte auch jeden noch so anspruchsvollen Kunden zufrieden, hier ein Auszug aus der 1951er Ausgabe. **4.** „Have Fun in '51" war der Slogan, mit dem Harley-Davidson in jenem Jahr neue Kunden in die Showrooms der Händler lockte. Die Innenseiten dieser Broschüre zeigten Harleyfahrer, die dem Streß der Großstadt in majestetische Berglandschaften entflohen.

1951
FL Police

Harley-Davidson rüstete Modelle in Polizeiausführung in der Regel mit umfangreichem Zubehör aus, speziell für den jeweiligen Einsatzzweck optimiert. Markantestes Unterscheidungsmerkmal gegenüber zivilen Harleys war natürlich die Lackierung, die sich für gewöhnlich in Police Blue, bei vielen Nachkriegsmaschinen auch in Police Silver präsentierte. Die Restaurierung eines Polizeimodells ist oftmals mit großen Schwierigkeiten verbunden, da Spezialzubehör nur selten in exzellenter Nachfertigungsqualität zu finden ist. Zur Ausstattung einer Polizei-Harley gehörte teilweise auch ein Feuerlöscher *(linke Seite, unten rechts)*.

1951
FL Police

Die Wertschätzung, die Motorrädern in gutem Originalzustand entgegengebracht wird, erreicht manchmal dieselben Dimensionen – finanziell *und* ideell – wie bei vollständig restaurierten Exemplaren. Auch wenn sie keinen absoluten Augenschmaus darstellen, so verleihen ihnen die Spuren der Zeit einen ganz eigenen Charakter, nicht unähnlich dem einer guten alten Blue Jeans. Diese Polizeimaschine ist hierfür ein hervorragendes Beispiel, ihre Lebensgeschichte würde ein ganzes Buch füllen ... Das links des Hinterrads fixierte Funkgerät und das auf dem Tankrücken angebrachte Mikrofon sind nur zwei der zahlreichen verbauten Spezialaccessoires.

PATROL

1952 FL

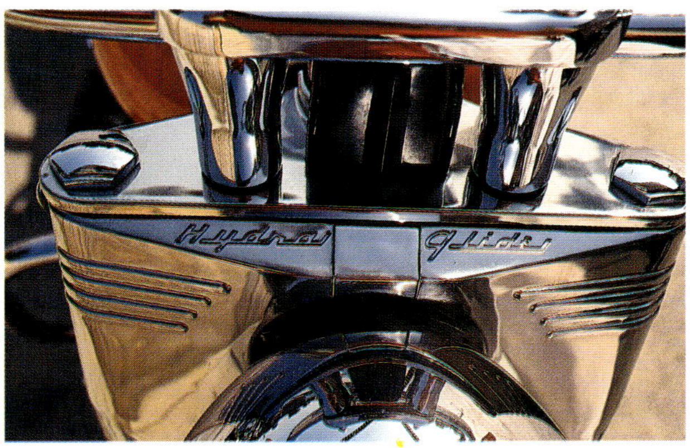

Das Modelljahr 1952 konnte mit einer bemerkenswerten Neuerung aufwarten. Der Gangwechsel erfolgte nun mit dem Fuß, die Kupplungsbetätigung ausschließlich mit der Hand. Dieses moderne Arrangement fand zunächst nicht den erwünschten Anklang, etablierte sich letztendlich aber doch am Markt. Fahrern, die ihren alten Gewohnheiten treu bleiben wollten, stand auf Wunsch auch weiterhin eine Handschaltung zur Verfügung – und das bis in die siebziger Jahre hinein. Auch für dieses Modelljahr bot Harley-Davidson das Panhead-Triebwerk in zwei Hubraumgrößen an, doch schon im nachfolgenden Jahr entfiel die 61 cu. in.-Option, da ihr die 74-Kubikzoll-Variante mittlerweile deutlich den Rang abgelaufen hatte. Die 1952er Modelle erhielten unter anderem größere Kraftstofftanks und hartverchromte Kolbenringe. Das geprägte Hydra-Glide-Logo schmückte bis 1959 die chromglänzenden Gabelhüllen *(Mitte links)*. Auf Wunsch lieferte Harley-Davidson Griff- und Kickpedalgummis – heute überaus gesuchte Accessoires – entsprechend der Fahrzeugfarbe.

1

© Harley-Davidson

2

© Harley-Davidson

3

1. Als Ersatz für die W-Serie führte Harley-Davidson 1952 die K-Serie ein. Als Antrieb diente ebenfalls ein seitengesteuerter 45 cu.in.-V-Twin, der allerdings in überarbeiteter Form ein in das Motorgehäuse integriertes, fußgeschaltetes Viergangggetriebe besaß. Eine Telegabel sowie eine Hinterradschwinge mit Dämpfer-/Feder-Elementen – diese Konstruktion sollte erst einige Jahre später auch bei anderen Modellen eingeführt werden – sorgten für gesteigerten Fahrkomfort. **2.** Gegenüber 1952 präsentierten sich die Big Twins des Jahres 1953 nur geringfügig verändert, hier ein Exemplar ausgerüstet mit auf Wunsch lieferbaren Satteltaschen. **3.** Die K-Modelle glänzten nicht gerade mit überdurchschnittlichen Fahrleistungen – und noch weniger mit den erwarteten Verkaufszahlen. Diese K präsentiert sich vor diversen Plakaten aus Harley-Davidsons Rennsportkarriere.

1952 1953 1954

Der alte 45 cu.in.-Flathead der W-Serie wird in den Servi-Car übernommen.

FL-Modelle erhalten für 1952 serienmäßig eine Handkupplung-/Fußschaltung-Kombination; die Handschaltung bleibt weiterhin im Programm – und das für recht lange Zeit.

Der Tachometer der Big Twins weist für 1953 nicht mehr eine Skalierung von 10 bis 120, sondern von 1 bis 12 auf.

Rocky Marciano gewinnt den Schwergewichtstitel im Boxen.

Elvis Presley nimmt seine erste Platte auf – ein Geburtstagslied für seine Mutter.

Ende des Koreakriegs.

1953 schließt der ewige Rivale Indian für immer die Werkstore.

Im Jahre 1954 begeht Harley-Davidson das 50jährige Firmenjubiläum mit speziellen Jubiläumsmodellen (laut HD begann die offizielle Produktion nicht 1903, sondern erst 1904).

1

2

1–2. Das Jahr 1954 stand vollkommen im Zeichen des 50. Firmenjubiläums, hier zu sehen Verkaufsbroschüren für die KH- und 74 OHV-Modelle. **3.** Solche Plaketten zierten die Jubiläumsmodelle des Jahres 1954. **4.** Die Spielzeugmodelle zeigten sich entsprechend ihren originalen Vorbildern mit immer ausgefeilterer Technik. Dieses Polizeimodell verfügt über einen kleinen Generator, der über die Räder angetrieben eine Zylinderbeleuchtung aktiviert. **5.** Dieses knapp 23 cm lange Modell mit Reibradantrieb wurde in den fünfziger Jahren vom japanischen Hersteller Miyamae vermarktet.

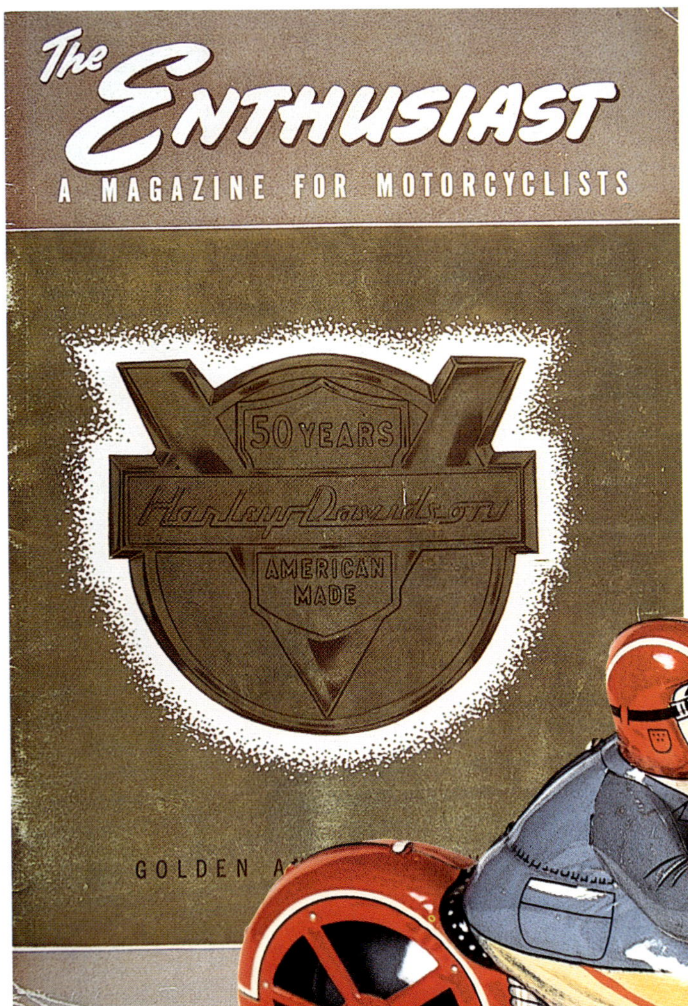

3

4

5

1954 FLF

Aus nicht überlieferten Gründen feierte Harley-Davidson das 50. Firmenjubiläum im Jahre 1954, obwohl das Unternehmen bereits 1903 mit der Herstellung von Motorrädern begonnen hatte – die Feierlichkeiten zum 90. Jubiläum sollten jedoch wiederum im Jahre 1993 stattfinden. Neben einer goldfarbenen Jubiläumsplakette bekamen die Modelle des Jahres 1954 auch verschiedene Farboptionen mit auf den Weg, insbesondere spezielle Zweifarbkombinationen mit kontrastierender Farbgebung von Tank und Kotflügeln. Beim Publikum sehr beliebt waren auf Wunsch in Fahrzeugfarbe erhältliche Gummis für Lenkergriffe und Kickpedal.

Rechts: Die Skalierung des Tachometers erfolgte nun nicht mehr von 10 bis 120, sondern von 1 bis 12.

Rechte Seite, unten links: Der Tankschriftzug blieb unverändert erhalten, verlor jedoch seine „unterschreichende" Zierleiste.

Harley-Davidson
OHV

Harley-Davidson

1

2

3

1954

Anläßlich des 50. Firmengeburtstags entstehen spezielle Jubiläumsmodelle, jedes geschmückt mit einer Jubiläumsplakette.

Das leichtgewichtige K-Modell erfährt eine Hubraumvergrößerung seines 45 cu. in.-Flatheads (738 ccm) auf 55 Kubikzoll (901 ccm).

Die *U.S.S. Nautilus* geht als das erste atomkraftgetriebene Unterseeboot in die Geschichte ein.

Alan Freed, zur damaligen Zeit Disc-Jockey in Cleveland, bezeichnet die damals aufkommende neue Tanzmusik als „Rock'n'Roll".

Elvis Presley nimmt seine erste kommerzielle Platte auf.

Der erste Farbfernseher kommt in den Handel.

1954 ruft die American Motorcycle Association den „Grand National Championship" ins Leben, um den Gesamtsieger der populären Flat-Track-Rennen besser ermitteln zu können; ein neues Punktesystem wird ebenfalls eingeführt; Harley-Davidson dominiert das Spitzenfeld.

1

2

3

4

5

Linke Seite: **1.** Diese Postkarte aus den Fünfzigern beweist, daß man mit einer Harley nicht nur unendliche Highways unter die bulligen Räder nehmen konnte. **2.** Die Gesamtbroschüre für das Jahr 1956 beinhaltete neben allen erhältlichen Modellen auch wichtige technische Informationen. **3.** Aus der Sammlung von Malcolm Forbes stammt dieses knapp 13 cm lange, aus Blech gefertigte Polizeigespann, hergestellt in Japan.

Diese Seite: **1.** Dieses blecherne Polizeimodell ist ca. 20 cm lang und verfügt über einen Reibradantrieb, produziert vom japanischen Spielzeughersteller Yonezawa. **2.** Das *Rider's Hand Book* versorgte Harleyfahrer, in diesem Fall den Fahrer einer 1955er KH, mit allerlei fahrtechnischen Informationen. **3.** Die neue zweitaktende „Hummer" entpuppte sich als umbenannte S-125 mit auf 165 ccm vergrößertem Triebwerk. **4.** Auch diese blecherne Polizeimaschine entstammt der Sammlung von Malcolm Forbes, hergestellt von der japanischen Firma TYO.

1955 FL

Das Jahr 1955 brachte bezüglich des Tankemblems eine erneute Änderung. Das Emblem war jetzt in der Ausführung detaillierter gehalten und verfügte über ein prägnant hervorgehobenes „V", kombiniert mit einem optisch angepassten Kotflügelemblem *(rechts)*. Ebenfalls in diesem Jahr präsentierte Harley-Davidson eine Modellvariante unter der Bezeichnung „FLH" mit höher verdichtetem Triebwerk, „heißeren" Nockenwellen und polierten Einlaß-/Auslaßkanälen – gut für eine Mehrleistung von kräftigenden zehn Prozent. Zubehörseitig angeboten wurde unter anderem ein verchromter Gepäckträger für den hinteren Kotflügel *(rechts unten)*.

Rechte Seite, Mitte rechts: Zur Serienausstattung gehörte diese Kompressorfanfare, die dem Fahrer über das markante Auspuffgeräusch hinaus zusätzliches Gehör verschaffte.

Harley-Davidson

1956 KHK

Die bereits im Jahre 1952 vorgestellte K-Serie erhielt für 1954 eine Hubraumvergößerung von 45 auf 55 Kubikzoll (738 auf 901 ccm), die sich für ihre Fahrer natürlich in einer guten Portion Mehrleistung äußerte. Beide Hubraumvarianten bot Harley-Davidson jeweils mit dem Typenzusatz „K“ an, stellvertretend für tiefer angeordnete Fußrasten, reduzierten Chromzierat und leistungsoptimierte Nockenwellen. Im Prinzip war die seitengesteuerte K-Serie allerdings konzipiert als Übergangslösung bis zur Fertigstellung der Sportster, die 1957 schließlich ins Programm aufgenommen wurde. Die KHK des Jahres 1956 schloß als letzte Variante dieser Modellgattung die zeitliche Lücke und gleichzeitig auch für immer das Kapitel der seitengesteuerten V-Twins (sieht man einmal von den dreirädrigen Servi-Cars ab). Die verchromten Gabelhüllen *(rechts)* rufen Reminiszenzen an die großvolumigen FL-Modelle wach, die Hinterradführung in einer über Stoßdämpfer gefederten Schwinge *(rechts unten)* jedoch geht bereits deutlich modernere Wege.

Harley-Davidson

Harley-Davidson

1

2

1. Servi-Cars bezogen ihre Antriebskraft während ihrer gesamten Bauzeit aus dem seitengesteuerten 45 cu.in.-V-Twin der W-Modellreihe, und nicht aus dem überarbeiteten Motor der K-Serie, hier sehr schön zu sehen an einem Servi-Car des Jahres 1956. **2.** Diese Werbeanzeige aus dem Jahr 1956 präsentiert das vollständige Modellangebot – samt freudestrahlendem Harleyfahrer, locker gekleidet in Hemdsärmeln.

1955

Trotz des Dahinscheidens von Indian, zusätzlichen Jubiläumsmodellen und verstärkten Erfolgen im Rennsport, vermochte Harley-Davidson nicht, eine deutliche Steigerung im Verkaufsvolumen zu erzielen.

Europäische Motorradimporte setzen die amerikanischen Hersteller erheblich unter Druck; viele Amerikaner verlagern ihre Kaufkraft auf den Erwerb von modernen elektrischen Haushaltsgeräten.

Harley-Davidsons Versuch, mit erschwinglicheren Produkten neue Marktsegmente zu erobern, trägt keine Früchte; dem Unternehmen, scheint das gleiche Schicksal bevorzustehen wie dem ehemaligen Konkurrenten Indian.

Das Modelljahr 1955 erhält neue Tankembleme mit einem prägnanten „V“ im Schriftzug; die klassische „Tombstone“-Rückleuchte wird zugunsten einer konventioneller gehaltenen, ovalen Leuchte aus dem Programm genommen.

1

2

3

4

1. Diese Sammelkarte zeigt den „King of Rock'n'Roll" in einem introvertierten Moment am Steuer eines seiner vielen Motorräder. **2.** Auf dieser Karte ist Elvis in deutlich offenherzigerer Stimmung zu sehen. **3 – 4.** Obwohl diese Sportster des Jahres 1957 durchaus den Eindruck erweckt, real zu sein, handelt es sich hierbei aber um ein sehr detailliert ausgeführtes Modell aus dem Hause Franklin Mint.

1957 XL

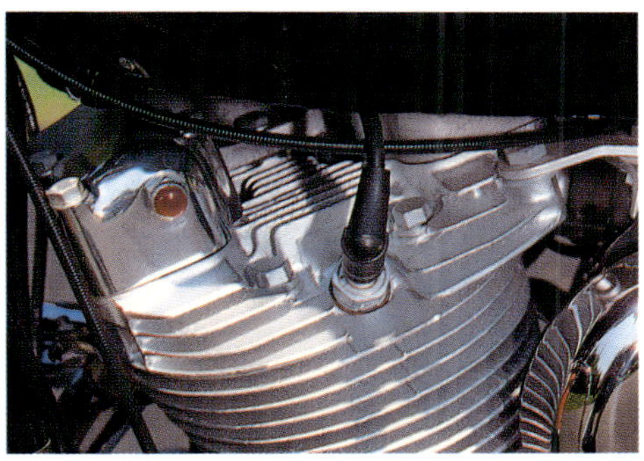

Die K-Serie erfreute sich großer Beliebtheit, Grund genug für Harley-Davidson, eine überarbeitete Version auf die Räder zu stellen, die 1957 schließlich als Sportster debütierte – und postwendend zu einem Riesenerfolg avancierte. Befeuert von einem obengesteuerten 55-Kubikzoll-V-Twin machte die Sportster ihrem Namen alle Ehre, verwöhnte sie ihre Fahrer doch mit beachtlichen Fahrleistungen. Dieses Exemplar präsentiert sich in Pepper Red mit schwarz abgesetztem Tank; auf Wunsch ließ sich das neue Modell auch mit umgekehrtem Farbschema ordern. *Mitte, von links:* Das Instrumentenbord beherbergte einen kleinen Tachometer, die Kontrolleuchten für Öldruck und Zündstrom befanden sich im Scheinwerfergehäuse. Die in die Bolzenköpfe des Ventildeckels eingelassenen roten „Augen" dienten ausschließlich dekorativen Zwecken. Der linke Motorgehäusedeckel ließ keinen Zweifel an der ureigentlichen Bestimmung des neuen Harley-Davidson-Modells.

1957 FL Police

Diese Maschine wurde ursprünglich an das St. Louis Police Department ausgeliefert und dort in Dienst genommen. Der Gangwechsel erfolgt bei diesem Modell nach traditionellem Rezept. Das Prinzip der mit einer Fußkupplung kombinierten Handschaltung war besonders verbreitet bei Behördenmotorrädern, die zu Patrouillen- oder Eskortzwecken eingesetzt wurden. Außer dem Wechsel zu einem runden Tankemblem verzeichnete das Modelljahr 1957 kaum nennenswerte Modellpflegemaßnahmen.

Diese Seite: Im Jahre 1947 eingeführt, präsentierte sich das Schaltschema auch weiterhin mit erstem Gang hinten und viertem Gang entsprechend ganz vorn *(Mitte rechts)* – frühere Modelle waren hingegen über ein Schema in umgekehrter Richtung zu schalten. Der verspielt wirkende Chromzierat an der vorderen Kotflügelspitze greift mit seinem stilisierten „V“ auf dekorative Weise das Konstruktionsprinzip des Triebwerks auf.

1957 FLH

Der Typenzusatz „H“ in der Modellbezeichnung „FL“ kennzeichnete die Modellvariante mit höher verdichtetem Triebwerk, leistungsoptimierten Nockenwellen und polierten Einlaß-/Auslaßkanälen; die Mehrleistung belief sich auf fünf PS (58–60 gegenüber 53–55). Das neu eingeführte, runde Tankemblem blieb allerdings nur zwei Jahre lang im Programm. Das entsprach weitgehend der damals für Harley-Davidson üblichen Zeitspanne, in der das Unternehmen Modellpflegemaßnahmen durchzuführen pflegte. In der Geschichte der Big Twins bedeutete das Jahr 1957 eine einschneidende Wende, führte die Milwaukeer Edelschmiede für die kommende Modellsaison doch eine vollgefederte Rahmenkonstruktion ein.

1

1. Diese „gut gebrauchte" Rennmaschine vom Typ XR-750 aus dem Jahr 1959 (ausgerüstet mit einer „Daytona"-Bremsanlage) wurde in El Salvador gefunden. **2.** Einige Jahrzehnte nach Indian, aber anscheinend nicht zu spät, präsentierte Harley-Davidson für das Modelljahr 1958 die Big Twins schließlich auch mit Hinterradfederung, hier illustriert in einer zeitgenössischen Broschüre.

2

1955 1956 1957

1955 gesellt sich zur FL eine neue Modellvariante mit höherer Verdichtung, Nockenwellen mit höher ausgeformten Nocken und polierten Einlaß-/Auslaßkanälen; die fünf PS mehr leistende Maschine firmiert unter der Bezeichnung „FLH".

Der Fast-Food-Anbieter McDonald's eröffnet sein erstes Restaurant.

James Dean stirbt am 30. September 1955 am Steuer seines Porsche Spyder.

Dwight D. Eisenhower tritt 1956 seine zweite Amtsperiode als Präsident der Vereinigten Staaten an.

1957 ist das Debütjahr der Sportster. Sie verfügt über einen 883 ccm-V-Twin (54 cu. in.) mit obengesteuerter Ventilkonfiguration sowie über ein in das Motorgehäuse integriertes Getriebe.

Das Tankemblem erfährt für 1957 eine erneute Änderung; der Firmenname erscheint in Druckbuchstaben in einem Kreis.

1

1. Auf den Innenseiten der Broschüre fand der Kunde alle notwendigen Informationen über sämtliche zum neuartigen Fahrgefühl der Duo-Glide beitragenden Komponenten. Neben der Hydra-Glide-Vorderradgabel und der Hinterradfederung sorgte zusätzlich ein traditioneller Federsattel für gesteigerten Fahrkomfort, oder besser „a triple treat in riding comfort". Ebenfalls neu war eine hydraulisch betätigte Hinterradbremse. **2.** Das Tanklogo dieses von I.Y. Metal Toys hergestellten Spielzeugmodells dürfte wohl jeglicher Erklärung entbehren.

2

1958 XL

Nach der beeindruckend erfolgreichen Erstlingssaison spendierte Harley-Davidson der XL für das Jahr 1958 eine zusätzliche Kraftspritze mittels erhöhter Verdichtung und größeren Ventildurchmessern. Äußerlich gab sich die neue Modellversion nahezu unverändert. Ebenso wie frühere Harleys besaß auch die XL getrennte Schlüssel für Licht und Zündung, jetzt allerdings mit wetterschützenden Drehkappen *(unten links).* Im Gegensatz zu den Big Twins erfolgte der Gangwechsel über einen rechts vom Motorblock angelenkten Fußhebel *(unten rechts)* – zwar ganz in der Tradition britischer Marken, aber dennoch eine lästige Angelegenheit, mußten sich doch Fahrer bei einem Modellwechsel vollkommen umgewöhnen.

1958 FL

Nach Jahrzehnten recht bescheidenen Fahrkomforts, bedingt durch das bislang verwendete Starrahmenkonzept, brach mit den Big Twins des Jahres 1958 eine neue Ära in der Milwaukeer Firmengeschichte an. Die über Stoßdämpfer abgefederte Hinterradschwinge bedeutete einen enormen Evolutionsschritt in Harley-Davidsons Fahrwerksentwicklung. Die neuen Modelle machten allerdings bei höheren Geschwindigkeiten durch instabiles Fahrverhalten von sich reden, was aber schließlich auf einen Fehler im Lenkkopf zurückgeführt und entsprechend behoben werden konnte. Auch weiterhin bot Harley-Davidson zwei Modellvarianten an, einmal die höher verdichtete FLH und einmal die niedriger verdichtete FL, die sich aufgrund ihres kühler laufenden Triebwerks besser für langsame Fahrten und vor allem für den Stadtverkehr eignete. *Unten links:* Eventuelle Beifahrer fanden sicheren Halt an diesem Sattelbügel, einem zur damaligen Zeit überaus beliebten Accessoire.

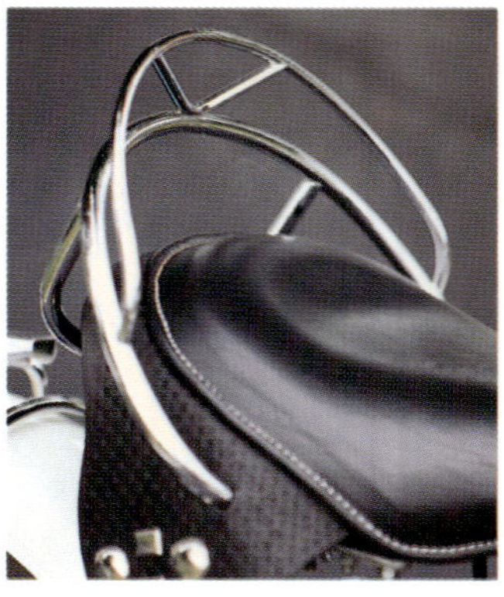

7987
MC-OHIO-58
DUO-GLIDE

1959 FL

Harley-Davidsons Big Twin spielte im öffentlichen Leben eine bedeutsame Rolle als zweirädriges Dienstfahrzeug bei Behörden und Verwaltungen, vor allem aber bei der Polizei. Diese FL des Jahres 1959 jedoch absolvierte ihren Dienst als Eskortfahrzeug bei Begräbnissen. Entsprechend ihrem Einsatzzweck fehlen zwar einige der üblichen Polizeiaccessoires, doch mit Sirene, roten Zusatzlampen und Radio, braucht sich auch diese doch sehr spezielle Behördenausführung nicht vor ihren polizeiberittenen Stallgenossinnen zu verstecken.

HARLEY DAVIDSON
DUO-GLIDE

HARLEY DAVIDSON
DUO-GLIDE

1959 XLCH

Eingeführt im Jahre 1959 als eine Art geländegängiges Straßenpendant zur Sportster, glänzte die XLCH gegenüber der XLH durch ein geringeres Fahrzeuggewicht und war ausgestattet mit Magnetzünder *(oben rechts),* hochgezogenen Auspuffrohren, Einzelsitz, kleinem „Peanut"-Tank und grobstolliger Bereifung. Die ebenfalls neue Chromhaube des Scheinwerfers („eyebrow") ist noch heute stilistisches Merkmal der Sportster-Baureihe. Überarbeitete Ventilsteuerzeiten verhalfen beiden Modellversionen gegenüber dem Vorjahr zu einem leichten Leistungsschub — und damit zu noch größerem Fahrspaß.

1

© Harley-Davidson

2

© Harley-Davidson

1957
1958
1959

Die Sportster erweist sich als voller Erfolg, und verhilft der gebeutelten Marke zu neuem Aufschwung.

Die Sowjetunion plaziert im Jahre 1957 ihren ersten Satelliten, den Sputnik I, in der Erdumlaufbahn; das amerikanische Pendant, die Viking, explodiert während des Starts.

Sowjetunion und USA testen Interkontinentalraketen.

Die FL erhält für das Modelljahr 1958 eine Rahmenkonstruktion mit Hinterradschwinge, und entsprechend die Zusatzbezeichnung „Duo-Glide".

Die Leerlaufposition des Getriebes wird bei den Big Twins ab 1959 über eine Kontrolleuchte angezeigt.

1959 debütiert die leichtgewichtige Sportster XLCH.

Das Tankemblem ändert sich erneut; ein nach vorn weisender Pfeil mit eingeprägtem Firmennamen auf ovalem Grund symbolisiert gewissermaßen das neuerlich gestärkte Firmenbewußtsein.

Der Scheinwerfer der Sportster XLH erhält eine stilisierte Chromhaube.

1

Linke Seite: **1.** Die XLCH aus dem Jahre 1960 zeigte sich weitgehend unverändert. Der Zusatz „CH" stand bei Fans dieses Sportgeräts allgemeinhin stellvertretend für „Competition Hot". **2.** Die Standardausführung XLH gab sich um einiges zahmer, deuteten ihr größerer Tank und ihre voluminösen Kotflügel doch eher auf eine Verwendung als Tourenmotorrad hin. Die Vollverkleidung für den Scheinwerfer wurde 1959 eingeführt.

Diese Seite: **1.** Ab 1961 produzierte Harley-Davidson gemeinsam mit dem italienischen Partnerunternehmen Aermacchi eine 250-ccm-Einzylindermaschine, die Sprint. Das Bild zeigt die Söhne der Firmengründer, William Harley, William Davidson und Walter C. Davidson *(von links)*, bei der Inspizierung der allerersten in die USA importierten Sprint. **2.** Der an den FL des Jahres 1959 eingeführte „Harley-Davdison"-Pfeil wurde für 1960 übernommen. **3.** Von 1961–74 war die Sprint in verschiedenen Varianten erhältlich, von der Straßenausführung bis zur reinrassigen Rennmaschine, wahlweise mit 250 oder 350 ccm.

2

3

1960 FLHF

Harley-Davidsons Modell FL ging in das Modelljahr 1960 mit einer an die Sportster des Vorjahres angelehnten „Scheinwerferhaube", die hier allerdings als Lampenverkleidung ausgeführt war. Die Typenbezeichnung „FLHF" gab Auskunft darüber, daß es sich bei diesem Modell um eine FL mit höher verdichtetem V-Twin („H") und fußgeschaltetem Getriebe („F") handelte, wobei das letzte „F" allerdings nicht im Schriftzug des Öltankemblems erschien *(rechte Seite, oben rechts).* Das 1959 eingeführte Tankemblem mit Pfeilmotiv zierte auch in diesem Jahr die Kraftstofftanks der Big Twins. Das auf dieser Doppelseite gezeigte Exemplar verfügt über die damals – und noch heute – beliebte Zwei-in-zwei-Auspuffanlage, die auf Wunsch erhältlich war und die FL optisch gehörig aufwertete.

HARLEY-DAVIDSON

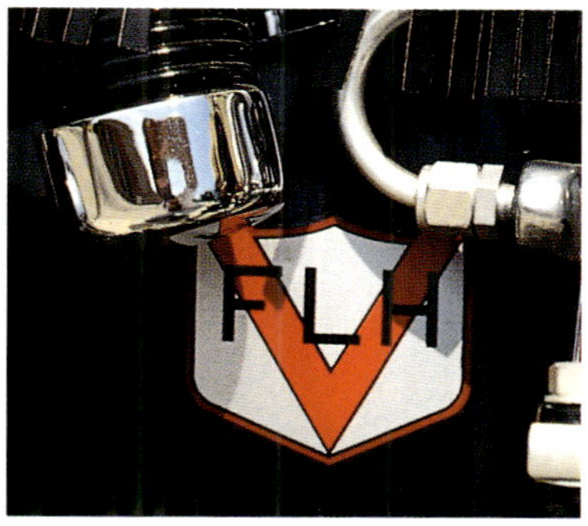
FLH

1

1 – 2. Die Duo-Glide des Jahres 1962 *(oben)* unterschied sich nur geringfügig vom 1961er Modell *(rechts)*, erhielt jedoch ein anderes Tankdekor. Beide Jahrgänge verwendeten das neue Tankemblem mit Sternmotiv. **3.** Die Sportster XLH wurde in den frühen sechziger Jahren kaum nennenswerten Modellpflegemaßnahmen unterzogen, sieht man einmal vom Tankemblem ab, dessen Gestaltung ungefähr alle zwei Jahre wechselte.

2

3

1959 1960 1961

Das Zubehörangebot wird vielfältiger; mehr und mehr Harleyfahrer bauen sich individuell gestaltete Maschinen auf, die Customszene gewinnt in zunehmendem Maße an Popularität.

Der Rock'n'Roll verliert bei einem Flugzeugabsturz drei seiner größten Idole: Buddy Holly, Ritchie Valens und Big Bopper.

Harley-Davidson bringt einen Motorroller, den Topper, auf den Markt, der allerdings nach nur zwei Jahren wieder aus dem Programm genommen wird; seinen größten Werbeauftritt hat der Topper in der TV-Serie *77 Sunset Strip*.

Die FL erhält für das Jahr 1960 eine haubenartige Scheinwerferverkleidung ähnlich der XLH.

Das amerikanische Spionageflugzeug U-2 wird über Rußland abgeschossen.

Im Präsidentschaftswahlkampf des Jahres 1960 schlägt John F. Kennedy Richard Nixon nur mit knappem Vorsprung.

Der Laser wird erfunden.

FL-Modelle erhalten für 1961 ein neues Tankemblem mit Sternmotiv.

Harley-Davidson importiert für das Jahr 1961 die in Italien produzierte Sprint mit liegend eingebautem Einzylindertriebwerk und einem Hubraum von 250 ccm.

1

2

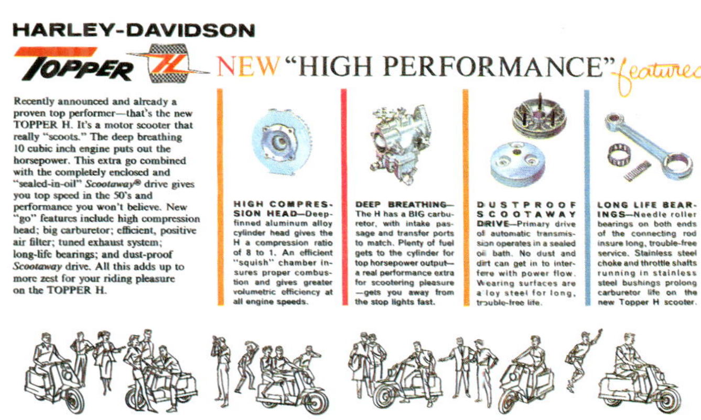

3

4

1. Die KR-750 zählte zu den populärsten Rennmaschinen der sechziger Jahre – trotz ihres antiquierten Seitenventiltriebwerks. Dieses Exemplar erlebte seine Blütezeit auf den Rennpisten von Illinois. **2 – 3.** Diese knallbunte Broschüre sollte 1962 den Verkauf von Harley-Davidsons Motorroller Topper unterstützen. Auf den Innenseiten fand der potentielle Kunde alles Wissenswerte über die Vorzüge dieses für die Milwaukeer Edelschmiede eher untypischen Gefährts. **4.** Japan war damals Ursprungsland so mancher Blechspielzeuge, hier zu sehen eine Blech-Harley im Polizeitrimm mit Aufzugsmechanismus.

© Harley-Davidson

1

© Harley-Davidson

2

1961
1962
1963

Die Russen gewinnen knapp vor den Amerikanern den Wettlauf um den ersten bemannten Raumflug.

Der amerikanische Angriff auf die kubanische Schweinebucht schlägt fehl.

Die USA entsendet erste Soldaten als Instruktoren nach Vietnam.

Harley-Davidson stellt sein erstes „Golf Car“ vor; dieses für den Golfplatz konzipierte Vehikel bleibt über viele Jahre erfolgreich im Programm.

1962: John Glenn geht als erster Amerikaner in die Erdumlaufbahn.

1962 steht ganz im Zeichen der Kubakrise: Die USA führen Blockaden vor kubanischen Häfen durch, und zwingen die Sowjetunion somit zum Abtransport ihrer Nuklearraketen aus Kuba.

1963 debütiert ein neues Tankemblem mit Diamantmotiv.

„I Want to Hold Your Hand“ ist die erste Singleveröffentlichung der Beatles in den USA.

US-Präsident John F. Kennedy wird am 22. November 1963 im texanischen Dallas auf offener Straße erschossen; Lyndon Johnson übernimmt stellvertretend seinen Platz.

© Harley-Davidson

1

Diese Seite: **1.** Modellpräsentation einmal anders – dieses Werbefoto zeigt sämtliche Harley-Modelle für das Jahr 1962 in frei(zügig)er Umgebung. **2.** 1962 kam Harley-Davidson mit einer Variante der Sprint, der „H", auf den Markt. Ausgestattet mit kurzen Schutzblechen, grobstolliger Bereifung und hochgelegtem Auspuff war die H gut gerüstet für problemlose Ausfahrten ins Gelände. **3.** Die Pacer war eine von drei Zweitaktmodellen mit 175-ccm-Einzylindertriebwerk, die Harley-Davidson für das Jahr 1962 vorstellte, vorgesehen für den Einsatz als Straßenmaschine. **4.** Die Scat präsentierte sich als Offroadversion der Pacer, während die dritte Variante, die Ranger, als richtiges Trialmotorrad (ohne Beleuchtung) konzipiert war. Bis ins Jahr 1963 – die Ranger war mittlerweile aus dem Programm geschieden – verzichteten die Zweitaktmodelle auf eine Hinterradfederung. Ein weiteres Modell unter der Bezeichnung „Bobcat", eingekleidet in ein einteiliges Blechkleid, debütierte 1966, dem letzten Modelljahr der kleinvolumigen Einzylindermaschinen.

© Harley-Davidson

2

© Harley-Davidson

3

4

Linke Seite: **1.** Das Jahr 1961 beging die Sportster XLCH mit neuem Tankdekor und größerer Sitzbank. **2.** Obwohl das Tankemblem so ziemlich das einzige Teil war, das diese Maschine als eine Harley-Davidson identifizierte, verkaufte sich die von Aermacchi in Italien produzierte Einzylindermaschine erstaunlich gut.

1963 FL

Das Debüt der Duo-Glide im Jahre 1958 stellt für Harley-Davidson einen Meilenstein in der Publikumsgunst dar, löste sie doch bei Fahrern und Händlern gleichsam einen Sturm der Begeisterung aus. Motorleistung und Zuverlässigkeit erfuhren im Laufe der Modelljahre zunehmende Verbesserungen, ebenso das Angebot an Accessoires, das nahezu keine Wünsche unerfüllt ließ. Verchromte Fahrzeug- und Zierteile erfreuten sich ungeheurer Popularität, und diese FL ist ein Paradebeispiel für die vielfältigen Anwendungsmöglichkeiten des magischen Wortes „Chrom". Neben Kotflügelspitzen und „Fishtail"-Auspuffendrohr präsentieren sich auch Stoßdämpferhüllen, Werkzeugbox und Ölfiltergehäuse in sattem Chromglanz.

1 2 3 4 5 6 7 8 9 10 11 12
Harley-Davidson
GEN
OIL

1963
Topper

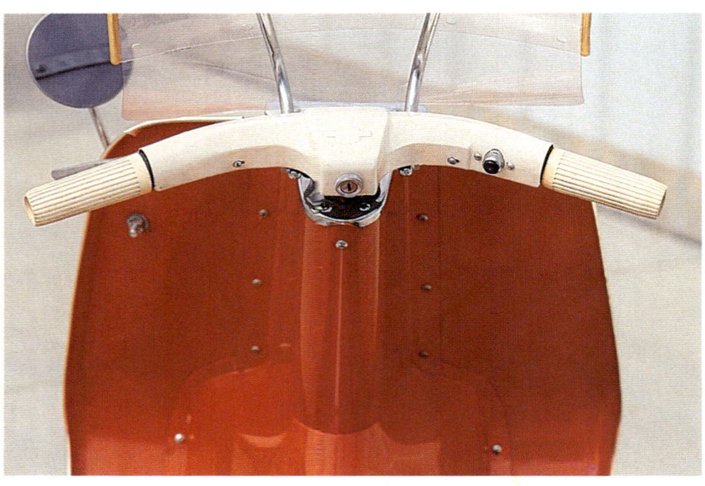

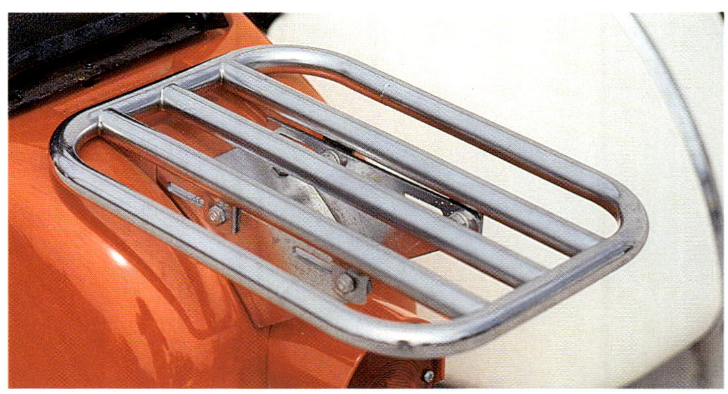

Der Motorrollerboom der ausgehenden fünfziger Jahre erfaßte auch die Milwaukeer Zweiradschmiede Harley-Davidson, die im Jahre 1960 mit dem Topper ihre eigene Interpretation des Themas vorstellte. Der liegend eingebaute Einzylinder-Zweitaktmotor verfügte über einen Hubraum von 165 ccm und wurde per Hand mittels eines Seilzuges gestartet (ähnlich einem Rasenmäher); die Kraftübertragung erfolgte über ein stufenloses Getriebe, dem „Scootaway Drive"; eine einfach aufgebaute Längslenkergabel diente der Führung des Vorderrads *(linke Seite, unten rechts)*. Ein Stauraum unterhalb der Sitzbank sowie ein optional erhältlicher Gepäckträger erlaubten die Mitnahme von kleinem Gepäck. Obwohl die Motorleistung für den Seitenwagenbetrieb eher unzulänglich war, bot das urige Gefährt bis zu zwei Mitfahrern akzeptable Platzverhältnisse.

1. Dieses Streichholzbriefchen aus den späten fünfziger Jahren trägt einen nicht gerade sehr einfallsreichen Werbeslogan. Mit den Jahren allerdings wartete Harley-Davidson mit einer weitaus besseren Wortwahl auf. **2.** „Davey“, eine der „Weird-Oh“-Figuren des Amerikaners Big Daddy Roth, seines Zeichens Veredler, oder besser Customizer, von Automobilen und Motorrädern, feierte seine Geburtsstunde im Jahre 1964. **3.** 1962 und 1963 fuhr Harley-Davidson zum Sieg in Daytona — Harleys Rennsportimage erhielt damit einen deutlichen Schub in absatzträchtigere Regionen.

1

2

HARLEY-DAVIDSON

again sweeps Daytona Beach

200-MILE NATIONAL CHAMPIONSHIP

Number One Rider on Number One Brand Again Wins America's Number One Race Meet

For the second year in a row Roger Reiman, Kewanee, Illinois, No. 1 rider, mounted on a Harley-Davidson, beat all comers in the 200 mile Daytona Road Race in a driving rain storm. On the straightaway Reiman's speed topped 130 mph; Reiman's average speed was 90.04 mph.

Mert Lawwill, San Francisco, California, came in second for a one/two win in the 200 mile classic. Lawwill, Harley-Davidson mounted, steamed through the driving rain for second place, 40 seconds behind Reiman.

In the amateur event, rider Wayne Cook, Harley-Davidson mounted, bested the entire field and set a *new record* with an average speed of 92.43 mph.

Another year of racing opens with a sweeping victory by Harley-Davidson at Daytona.

Roger Reiman

Mert Lawwill

Wayne Cook

MAY, 1965

3

1964 1965

Lyndon Johnson geht 1964 als Sieger aus den Präsidentschaftswahlen hervor.

Die USA fliegt als Gegenzug für den Angriff auf ein amerikanisches Schiff Bombenangriffe auf Nordvietnam.

Cassius Clay besiegt Sonny Liston 1964 im Kampf um den Schwergewichtstitel.

Das Jahr 1965 beschert den FL-Modellen einen Elektrostarter — die Electra-Glide ist geboren.

Die Möglichkeit, nun ohne kräftezehrende Startprozeduren in den Fahrgenuß einer Harley zu kommen, löst eine Welle der Begeisterung für die Electra-Glide aus; Traditionalisten halten die „elektrische Krücke“ jedoch für bannenswerten Frevel.

Harley-Davidson bietet 1965 erstmals Firmenanteile am Aktienmarkt feil.

Die ersten amerikanischen Bodentruppen treffen in Vietnam ein; die Zerbombung des Landes beginnt.

Ed White ist der erste Amerikaner, der außerhalb eines Raumschiffs (Gemini IV) einen Weltraumspaziergang unternimmt.

1–3. Im Zuge der Unternehmensexpansion begab sich Harley-Davidson auch auf den Golfplatz, und präsentierte gleich zwei Modellversionen eines „Golf Cars“, einmal mit Benzinmotor und einmal mit Elektromotor. Die benzinbetriebene Variante verfügte über ein Zweitakttriebwerk mit stufenlosem Getriebe. Ein am Triebwerk angeflanschter Generator diente dabei als Elektrostarter. Dieses Prinzip erwies sich als überaus einfach und kostengünstig, und ist noch heute in Gebrauch. Wie kaum anders zu erwarten, glänzten die Golfmobile mit einem reichhaltigen Angebot an lieferbaren Accessoires. **4.** Dieses gut 30 cm lange Blechmotorrad verfügt über einen batteriegespeisten Antrieb. Der Scheinwerfer ist beleuchtet und der Fahrer erhebt und setzt sich auf Knopfdruck.

1

2

3

4

1964 FLH

Obgleich die Duo-Glide seit ihrem Debüt im Jahre 1958 kaum einschneidenden Modellpflegemaßnahmen unterzogen wurde, vermochten begeisterte Duo-Glide-Besitzer ihren ganzen Stolz mittels diversester Accessoires zu jeder Zeit aus der uniformen Masse herauszuheben. *Obere Bildreihe:* Dieses Exemplar erglänzt in den verschiedensten Chromzierteilen, wie beispielsweise Schutzbügeln für Motor, Trittbretter und Auspuffanlage sowie Relingbügel an Instrumentenbord und Kotflügeln.

1964 XLCH

Touren- als auch sportbegeisterte Motorradfahrer fanden im Sportster-Programm immer den für sie passenden Untersatz. Liebäugelte die XLH eher mit der Touringfraktion unter den Harleyfans, so richtete sich die leichtgewichtige XLCH ganz bewußt an ein sportlich orientiertes Publikum. Diesem Einsatzzweck gemäß mußte sich der Fahrer mit nur einem Kontrollinstrument begnügen. Entgegen dem Prinzip des tankmontierten Instrumentenbords der Big Twin-Modelle präsentierte sich die XLCH mit einem am Lenkkopf angebrachten Tachometer *(rechts)*.

Rechte Seite: Weder der mächtig wirkende V-Twin, der optisch bereits die zukünftige „Shovelhead"-Generation vorwegnahm, noch die meisten anderen Stylingelemente erinnerten an die FL-Modelle aus gleichem Hause, abgesehen einmal von den gleich gehaltenen Tankemblemen *(Mitte rechts)*.

HARLEY - DAVIDSON

1965 FL

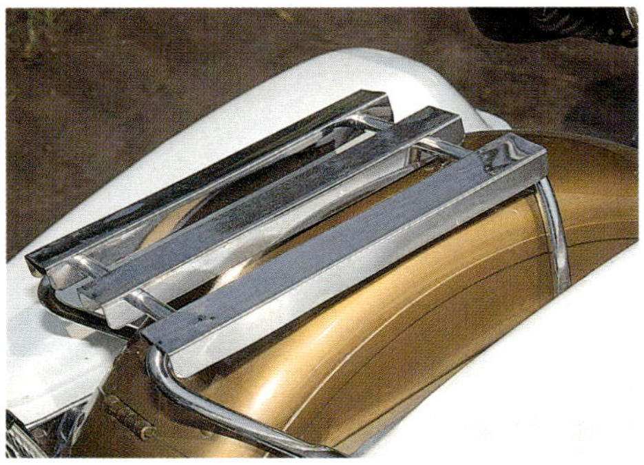

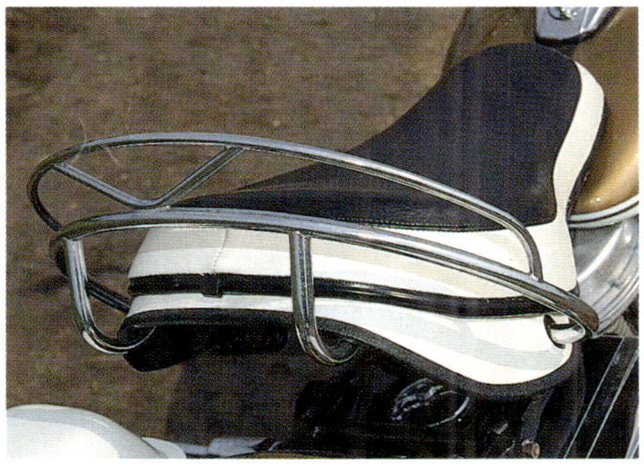

Das Modelljahr 1965 begann mit so etwas wie einer kleinen Sensation, beschloß aber gleichzeitig auch eine langjährige Ära. Während die „Panhead"-Triebwerke ihren Platz für die nächste V-Twin-Generation, die „Shovelheads", räumen mußten, ließ die Integration eines Elektrostarters die Duo-Glide zur Electra-Glide reifen. Vorbei war es nun mit den sagenhaften Geschichten um verstauchte Fußgelenke, gebrochene Beine und all die unzähligen begleitenden Flüche, denn die Electra-Glide sollte für Harley-Davidson eine neue, absatzträchtigere Epoche in bezug auf die jahrelang hart erkämpfte Publikumsgunst einläuten.

Die Shovelhead-Ära

Das Jahr 1965 markierte mit der Einführung eines Elektrostarters für die „Panhead"-Triebwerksgeneration nicht nur den Höhepunkt ihrer Evolutionsgeschichte, sondern läutete für diese ruhmreiche Motorkonstruktion gleichzeitig auch den Abschied von der Motorradbühne ein. Der neue V-Twin, aufgrund seiner umgedrehten Schaufelkellen ähnelnden Ventildeckel auch „Shovelhead" genannt, verfügte über eine überarbeitete Ventilkonfiguration mit optimiertem Gasdurchsatz, die die Motorleistung um gut zehn Prozent verbesserte.

Der neue Shovelhead-V-Twin wies (für den außenstehenden Betrachter) optisch sehr große Ähnlichkeit zum damals bereits zehn Jahre alten Sportster-Triebwerk auf. Im Unterschied aber zum Sportster-Aggregat, dessen Motorgehäuse gleichzeitig auch das Getriebe beherbergte, rekrutierte sich der Big Twin aus Motor- und separatem Getriebegehäuse. Die zwei Jahrzehnte andauernde Shovelhead-Ära mag vielleicht einen gespaltenen Eindruck in der Gefühlswelt der Harley-Davidson-Enthusiasten hinterlassen haben, sicherlich aber steht sie stellvertretend für die dunkelste Epoche in der Firmenpolitik der Milwaukeer Edelschmiede.

Nachdem Harley-Davidson im Jahre 1965 an der Börse mit dem Verkauf von Firmenanteilen begonnen hatte, sah sich das Unternehmen schon bald mit diversen Übernahmeangeboten konfrontiert, die schließlich Anfang 1969 in einer Fusion mit dem Sportwarenhersteller American Machine and Foundry (AMF) materialisierten.

AMF tätigte zur Steigerung der Produktion bei Harley-Davidson zwar erhebliche Investitionen, doch gleichzeitig drängte AMF auch massiv in die interne Unternehmenspolitik. Der vorprogrammierte Ärger mit der Führungsriege von Harley-Davidson schien aufgrund tatsächlich steigender Produktionszahlen vernachlässigbar, doch die in gleichem Zuge drastisch sinkende Produktqualität setzte dem Firmenimage gehörig zu. Die Verkaufspolitik der damaligen Jahre hatte das Milwaukeer Unternehmen ermutigt, neben dem angestammten Modellangebot auch kleine, importierte Motorräder zu vermarkten – nur wenige dieser kommerziell orientierten Modelle hielten sich über einen längeren Zeitraum am Markt und keinem gelang es, das Firmenimage gegenüber der Öffentlichkeit auch nur annähernd positiv zu beeinflussen.

Natürlich waren aus heutiger Sicht betrachtet die damaligen Entscheidungen falsch, doch in jenen Jahren erschien es durchaus logisch, das Produktangebot mittels kleiner, preisgünstiger Motorräder zu ergänzen, um damit entsprechend die Konkurrenzfähigkeit des Unternehmens zu sichern. Die damalige Marktsituation erschütterte aber nicht nur die gesamte amerikanische Automobilindustrie in ihren Grundfesten, sondern auch den Motorradproduzenten Harley-Davidson. Die vehement auf den US-Markt drängende japanische Konkurrenz zeigte sich im neuen Marktsegment weitaus entwickelter, und so erschien es nahezu unmöglich, gegenüber den Japanern überhaupt jemals eine Führungsrolle übernehmen zu können.

Hinzu kam, daß Harley-Davidson in steigendem Maße auch im traditionellen Marktsegment an Boden verlor. Ein Jahrzehnt nach ihrem Debüt galt die Sportster noch immer als ungeschlagener „King of the drags", doch bereits in den späten sechziger Jahren begannen die hubraumstärkeren Vertreter britischer Motorradbaukunst an ihrem Ruhm zu zerren. Und als Honda die revolutionäre CB 750 Four präsentierte, schienen die ruhmreichen Zeiten endgültig besiegelt zu sein.

Harley-Davidson kämpfte sich erbittert durch harte Jahre, und es wurde immer offensichtlicher, daß nur ein Wandel in der Unternehmenspolitik der Durststrecke ein Ende zu bereiten vermochte. Die Belegung japanischer Exporte mit Einfuhrzöllen im Jahre 1978 erwies sich als fruchtbare Gegenmaßnahme, und so reifte in den Köpfen einiger Harley-Funktionäre schließlich der Plan, das Milwaukeer Unternehmen aus den Klauen des AMF-Konzerns zu befreien — ein Schritt, der für Kunden, Händler und Arbeitnehmer gleichermaßen unter dem Schlagwort „buy back" in die Firmengeschichte Eingang finden sollte.

Schleppende Gewinne und die Attraktivität des Angebots veranlaßten AMF zum Verkauf, und so stand Harley-Davidson schließlich im Juni des Jahres 1981 wieder auf eigenen Füßen. Der nahezu erloschene Stolz einer traditionsreichen Marke fand langsam seinen Weg zurück in die Gedanken der Menschen, und kontinuierlich verbesserte sich nicht nur Harley-Davidsons Marktposition, sondern — erfreulicherweise — auch die Qualität der Produkte. Die FXR, ausgestattet mit Fünfganggetriebe und gekapseltem Kettentrieb, lenkte gegen Ende 1981 das Modellangebot in eine modernere Richtung, während in den nachfolgenden zwei Jahren aufregende Sportster-Versionen zahlreiche neue Kunden in den Bann der wiedererstarkten Marke zogen.

Ganz im Gegensatz zur landläufigen Meinung ruhte sich Harley-Davidson während der unrühmlichen AMF-Phase jedoch nicht auf alten Lorbeeren aus, denn unter der Ägide von AMF entstand auch die FX Super Glide, das erste serienmäßig angebotene Custommodell und gleichzeitig auch eine der einflußreichsten Maschinen der Milwaukeer Motorradbauer.

Im Jahre 1971 eingeführt, erwies sich die Super Glide zu Beginn nicht gerade als grandioser Erfolg. Vielmehr ist sie als Vorläufer eines Stils zu betrachten, der Harley-Davidson nicht nur zu Ruhm und Ansehen verhalf, sondern auch die wirtschaftliche Grundlage für nachfolgende Weiterentwicklungen schuf. Erst Jahre nach der traurigen, aber auch lehrreichen AMF-Zeit kristallisierte sich jene neu strukturierte Unternehmensphilosophie heraus, die Harley-Davidson heute zu einem der bedeutendsten Motorradhersteller der Welt macht.

1

2

1. Die Sportster beging das Modelljahr 1966 mit „schärferen" Nockenwellen und neuem Vergaser, laut Harley-Davidson gut für eine Leistungssteigerung von 15 Prozent. **2.** 1967 war das Jahr der Sportster-Rekorde auf dem Salzsee von Bonneville, die Harley-Davidson natürlich werbeträchtig ausschlachtete, obwohl es sich bei den betreffenden Maschinen eigentlich um hochgradig modifizierte Sportster handelte. **3.** Eine nahezu serienmäßig belassene FLH der sechziger Jahre zu finden, kommt einem kleinen Wunder gleich. Nur wenige Chromaccessoires an dieser 1968er trüben den Blick für die Schönheit des Originals.

3

1966 1967

1966 stellt Harley-Davidson den neuen „Shovelhead"-V-Twin vor, leistungsgesteigert gegenüber dem „Panhead"-Triebwerk um 10 Prozent.

Trotz höherer Motorleistung gelingt es der Shovelhead nicht, an die Verkaufszahlen der Panhead heranzureichen.

Harley-Davidson behält auch weiterhin die von Aermacchi in Italien produzierte Sprint mit liegendem 250-ccm-Einzylindertriebwerk im Programm.

Die Partnerschaft mit Aermacchi beschert dem amerikanischen Markt ab 1965 verschiedene Motorradmodelle mit Triebwerken von 50 bis 90 ccm Hubraum. Bis in die siebziger Jahre hinein bleibt diese Modellgattung im Programm.

1966 ändert Cassius Clay, Weltmeister im Schwergewicht, seinen Namen in Muhammad Ali.

Im Jahr 1967 sterben während des Teststarts von Apollo 1 die Astronauten Roger Chaffee, Virgil Grissom und Edward White – weitere tödliche Zwischenfälle im amerikanischen Raumfahrtprogramm sollten folgen.

Dem Südafrikaner Dr. Christiaan Barnard gelingt im Jahre 1967 die erste erfolgreich durchgeführte Herztransplantation bei einem Menschen.

1

2

3

1. Aufgebaut für Daytona, gelang dieser KR des Jahres 1968 mit ihrem Seitenventiltriebwerk zwar die Qualifikation für das imageträchtige 200-Meilen-Rennen, ein Sieg in dieser Disziplin blieb ihr jedoch versagt. **2.** Die Rapido, vorgestellt im Jahre 1968, zählte zu Harley-Davidsons erfolgreicheren Importmotorrädern, sie blieb bis ins Jahr 1977 im Programm. **3.** Elvis Presley, seines Zeichens „King of Rock'n'Roll" und Sammler der Milwaukeer Edelbikes, ließ sich im 1967er Kinostreifen *Clambake* auf einer vollausgestatteten Electra-Glide, einer sogenannten „Full-Dresser", ablichten.

1966 FLHFB

HARLEY-DAVIDSON
Electra Glide

HARLEY-DAVIDSON
Electra Glide

Shovelhead hieß das Zauberwort für das Jahr 1966 – die ruhmvolle Ära der Panheads gehörte fortan der Vergangenheit an. Ein neuer Vergaser sorgte für optimierte Gemischversorgung und ein überarbeiteter Ventiltrieb für entsprechend verbesserten Gasdurchsatz – alles in allem gut für eine Mehrleistung von fünf PS. Die erstarkten Triebwerke hatten die großen FLs auch bitter nötig, denn die zunehmende Flut an unterschiedlichsten Touringaccessoires trieb das Fahrzeuggewicht nicht gerade unerheblich in die Höhe. Das Erscheinungsbild des neuen Modelljahrs wartete mit nur geringfügigen Änderungen auf, als augenscheinlichste Merkmale erwiesen sich dabei das neue Farbschema und das neu gestaltete Tankemblem.

1966 KR

Die KR wurde nach wie vor vom bereits im Jahre 1952 eingeführten 45 cu. in.-Seitenventiler befeuert und war sogar bis in die sechziger Jahre hinein auf vorderste Rennplätze abonniert. Das antiquierte Motorkonzept schien dabei alle Erfolge Lügen zu strafen, doch geübte Fahrer fuhren immer wieder in die Siegerriege der damals so populären Dirt-Tracks — jedenfalls bis sie gegen Ende der Sechziger von den immer stärker werdenden britischen Maschinen vom Siegertreppchen gestoßen wurden. Die Formgebung des Benzintanks orientierte sich weiterhin an der für Harleys Sportmaschinen charakteristischen „Erdnuß"-Form, geschmückt mit dem Tankemblem des laufenden Modelljahrs. *Rechte Seite, Mitte rechts:* Das „R" auf dem Öltank stand für „Racing". Diese KR war speziell für Dirt-Tracks konzipiert, Straßenrennversionen hingegen verfügten über eine Hinterradfederung, schmalere Reifen und einen größeren Benzintank.

HARLEY-DAVIDSON

95
HARLEY-DAVIDSON

1966 Sprint

Die Sprint debütierte im Jahre 1961 als Ergebnis der Zusammenarbeit zwischen Harley-Davidson und Aermacchi, einem italienischen Motorradhersteller. Angetrieben von einem liegend eingebauten Einzylinderviertaktmotor mit einem Hubraum von 250 ccm, verkaufte sich das neue Modell anfangs erstaunlich gut. Das Modelljahr 1966 zeigte sich gegenüber den Vorjahren bis auf das modernere Styling nur geringfügig verändert; angeboten wurden mittlerweile eine Straßen- sowie eine Geländeausführung (Scrambler). Für 1969 bekam die Sprint – sie firmierte jetzt unter der Bezeichung „SS" – einen auf 350 ccm vergrößerten Hubraum, wohingegen die Scrambler erst 1972 in den Vorzug des durchzugstärkeren Aggregats gelangte. Beide Modelle verschwanden nach 1974 aus dem Programm, ihre Position nahmen ähnlich konzipierte Modelle mit Zweitaktmotoren ein. *Mitte rechts:* Das Motorgehäuse trug zwar den Schriftzug „Harley-Davidson", der Motor entstand aber bei Aermacchi.

1967 XLH

Der Elektrostarter, bereits zwei Jahre zuvor an den Big Twins eingeführt, hielt 1967 ebenfalls Einzug in die Sportster-Fraktion — zumindest an der XLH. Die sportlicher ausgelegte XLCH ließ sich nur per Kickstarter anlassen, die eher für Tourenfahrer gedachte XLH verfügte hingegen über beide Starterarten. Wie bereits in den Modelljahren zuvor präsentierte sich die XLH mit schmuckigerer Ausstattung, die unter anderem eine großvolumige, polierte Lampenverkleidung, verchromte Stoßdämpferhüllen, einen größeren Benzintank, ein üppiges Instrumentenbord (montiert an der oberen Gabelbrücke) sowie eine Zweimannsitzbank umfaßte. Trotz ihrer luxuriöseren Ausstattung verkaufte sich die XLH im Jahre 1967 nicht annähernd so gut wie ihre spartanischere, aber erheblich sportlichere Schwester.

XLH

1

2

1 – 2. Harley-Davidsons Schlagwort für die Modellpalette des Jahres 1969 lautete „out-performers", ein Statement, das sich auf den bereits aus den Vorjahren bekannten Sportster-Slogan „the fastest street bike in the world" gründete. Diese Tatsache sollte sich mit dem Debüt der Honda CB 750 Four allerdings schon recht bald ändern. Das in diesem Prospekt als ungemein wirtschaftlich beworbene Zweitaktmodell M65 war laut Harley-Davidson sogar derart kostengünstig, daß ihr Benzinverbrauch selbst des Menschen natürlichste Fortbewegungsart, den Fußgang, nicht billiger erscheinen ließ („makes walking seem expensive" war eine von vielen Milwaukeer Weisheiten). **3.** *Hell's Angels '69* zählt zu den zahlreichen unbekannteren Bikerstreifen, die in den sechziger Jahren in die Kinos kamen.

3

1968 1969

Das Zweitaktmodell Rapido mit 125-ccm-Einzylindermotor ergänzt die Modellpalette für das Jahr 1968 und bleibt bis 1977 im Programm.

1968: Martin Luther King, Jr. fällt im April in Memphis, Tennessee, einem Attentat zum Opfer; im Juni wird Präsidentschaftskandidat Robert Kennedy in Kalifornien ermordet.

Lyndon Johnson lehnt eine zweite Amtsperiode ab; Richard Nixon wird neuer Präsident der Vereinigten Staaten von Amerika.

Harley-Davidson wird das Ziel einer möglichen Firmenübernahme.

Harley-Davidson fusioniert im Januar 1969 mit dem Sportwarenhersteller American Machine and Foundry Company (AMF).

AMF bietet Harley-Davidson Finanzhilfe und eine Vergrößerung der Produktionskapazitäten.

1

2

1–2. In den ausgehenden sechziger Jahren war Harley-Davidson noch immer „King of the drags“. Dieser gestrippte Renner begann seinen Lebensweg als 1969er Sportster, jagte viele Jahre lang über die Rennstrecken Amerikas und zog sich nach absolvierter Rennsportkarriere schließlich aufs Altenteil zurück. Seitdem erfuhr das minimalistische Gefährt eine umfassende Restaurierung – und ein umfassendes Upgrading. Heute ist sie so schnell wie noch niemals zuvor. Starre Chromstreben statt der normalerweise verbauten Stoßdämpfer machen den ehemals vollgefederten Rahmen zu einem Starrahmen nach alter Väter Sitte.

1968 CR250

Die CR250 präsentierte sich als Ableger der von Aermacchi produzierten Sprint, konzipiert für den Einsatz bei Flat-Track-Rennen. Befreit von überflüssigen Anbauteilen wie Bremsen, Lampen und Schutzblechen, entpuppte sich die CR250 als reinrassige Rennmaschine mit einem Gewicht von nur knappen 91 Kilogramm. Der auf einem Starrahmen aufbauende Renner behielt zwar seinen Hubraum von 250 ccm, verfügte aber über einen überarbeiteten Vergasertrakt, eine höhere Verdichtung sowie eine offene Auspuffanlage. Alles in allem lieferte Harley-Davidson mit der CR250 eine Maschine, die aus den Showrooms der Händler direkt auf der Rennpiste bewegt werden konnte.

HARLEY-DAVIDSON
1

HARLEY-DAVIDSON

1968 XLCH

In den sechziger Jahren war es Harley-Davidsons Sportster, die auf den Straßen Amerikas unumschränkt den Ton angab, und diese 1968er XLCH ist ein hervorragendes Beispiel dafür, wie reduziert sich ein Motorrad doch präsentieren konnte. Als „CH“ (für viele gleichbedeutend mit „Competition Hot“) verfügte sie über einen Kickstarter und einen kleinen „Peanut“-Tank. Auf Wunsch ließ sich sogar ein sportlicher Federsattel ordern. Den sportiven Charakter unterstrich die XLCH zusätzlich mit niedrig angeordneten Fußrasten und einem breiten, mattschwarzen Deckstreifen auf dem Benzintank, der, wie alle anderen Harley-Modelle auch, das rautenförmige Tankemblem der damaligen Jahre trug.

1968 XLH

Der Modellname „Sportster“ stand zwar für Sportlichkeit, doch Harley-Davidson gelang das Kunststück, diesen Begriff auf sehr attraktive Weise unterschiedlich zu interpretieren. So bot der Zubehörkatalog dem Kunden die Möglichkeit, auch eine Sportster mit allen nur erdenklichen Accessoires individuell zu gestalten, so geschehen bei dieser XLH des Jahres 1968. *Rechts:* Angepaßt an die eckige Form der ebenfalls optionalen Scheinwerferverkleidung schmiegt sich ein Windschild in die Lenkerpartie, zusätzlich ausgestattet mit einer kleinen Gepäcktasche. Die Blinkerleuchten sind zu diesem Zweck an speziellen Auslegern nach unten verlegt. Weitere Extras finden sich in Form von verchromten Kotflügelspitzen, verchromtem Sturzbügel, gepolsterter Sitzbanklehne sowie Gepäckkoffern in Hartschalenbauweise. Direkt hinter dem hinteren Zylinder befindet sich angeflanscht der Elektrostarter.

1969 XLCH Chopper

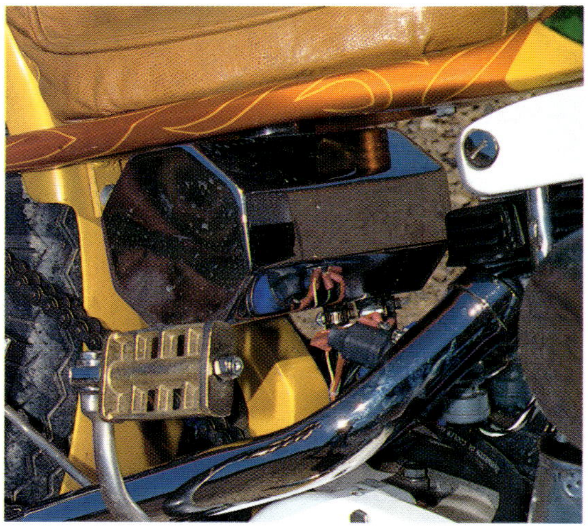

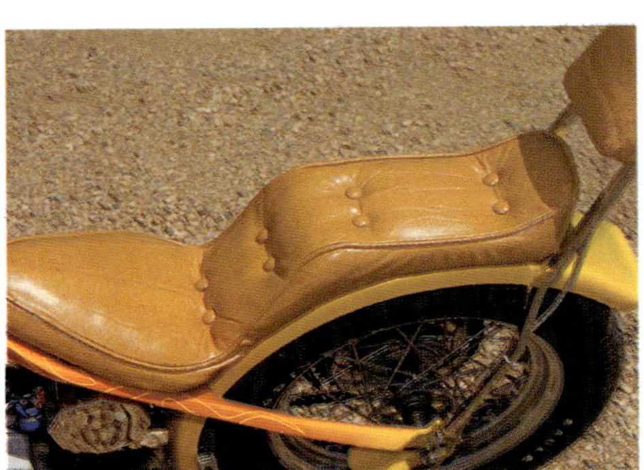

Frühe Sportster im original belassenen Zustand finden sich heute nur noch ganz selten auf den Straßen dieser Welt, nahmen viele Besitzer ihre fahrbaren Untersätze doch als Basis für eine neuartige Interpretation des Motorrads, die ihren Höhepunkt in den siebziger Jahren erlebte und weltweiten Ruhm als „Chopper" erlangte. Im Falle dieser 1969er XLCH ist nur noch wenig von der ursprünglichen Maschine zu entdekken, selbst der V-Twin präsentiert sich in dekorativ überarbeiteter Form. Der starre Spezialrahmen wird vorn über eine ultralange „Springer"-Gabel geführt und trägt als optische Krönung einen Customtank in „Reptil"-Lackierung. Unterhalb der spartanisch gepolsterten Sitzbank befindet sich ein horizontal angebrachter, achteckiger Tank für die Aufnahme des Motoröls. Die markante „Sissy Bar" mit gepolstertem Rückenkissen und Rückleuchte in der Form eines Eisernen Kreuzes waren zur damaligen Zeit in der Chopperszene unabdingbare Accessoires.

Linke Seite, unten links: Die vorverlegte Fußrastenanlage erlaubt mit entsprechend vorverlegten Hebeln für Schaltung (rechts) und Bremse (links) die typische Choppersitzhaltung. Ohne Zweifel sind Chopper dieser Art eine Kunstform für sich, richtig fahren lassen sie sich aber wirklich nur auf den berühmten amerikanischen Highways, stellen ihre überlangen Vorderradgabeln die Fahrer des öfteren doch vor scheinbar unüberwindbare Handlingprobleme.

1

1 – 2. Im Jahre 1969 ging Harley-Davidson in den Besitz des Sportwarenherstellers American Machine and Foundry (AMF) über, der bereits kurz nach der Übernahme damit begann, die Produktionskapazitäten des Milwaukeer Unternehmens hochzufahren und neue Marktsegmente anzuvisieren. Harley-Davidsons Schneemobil debütierte 1971 und wies einige bemerkenswerte technische Detaillösungen auf, hielt sich aber nur fünf Jahre am Markt. **3.** Zubehör ließ bei Harley-Davidson schon immer die Kassen klingeln; diese „Uhrensammlung" war nur ein winziger Auszug aus dem reichhaltigen Gesamtprogramm.

2

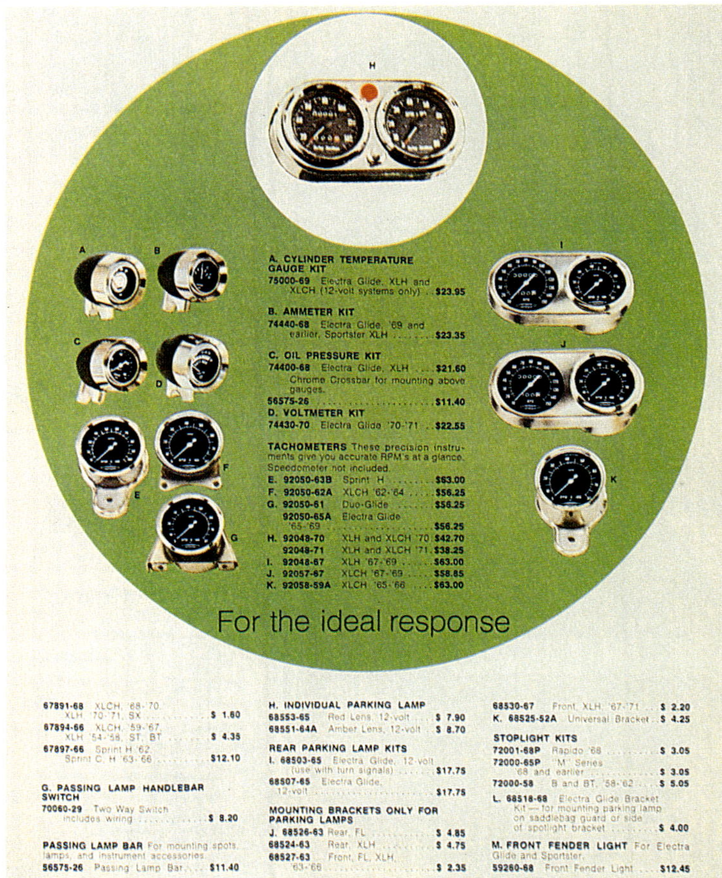

A. CYLINDER TEMPERATURE GAUGE KIT
75000-69 Electra Glide, XLH and XLCH (12-volt systems only) . . $23.95

B. AMMETER KIT
74440-68 Electra Glide, '69 and earlier, Sportster XLH $23.35

C. OIL PRESSURE KIT
74400-68 Electra Glide, XLH $21.60
Chrome Crossbar for mounting above gauges.
56575-26 . . . . $11.40

D. VOLTMETER KIT
74430-70 Electra Glide '70-'71 . . $22.55

TACHOMETERS These precision instruments give you accurate RPM's at a glance. Speedometer not included.
E. 92050-63B Sprint H $63.00
F. 92050-62A XLCH '62-'64 . . . . $56.25
G. 92050-61 Duo-Glide $56.25
92050-65A Electra Glide '65-'69 . . . . $56.25
H. 92048-70 XLH and XLCH '70 . $42.70
92048-71 XLH and XLCH '71 . $38.25
I. 92048-67 XLH '67-'69 . . . . . . $63.00
J. 92057-67 XLCH '67-'69 . . . . $58.85
K. 92058-59A XLCH '65-'66 . . . . $63.00

For the ideal response

67891-68 XLCH, '68-'70, XLH '70-'71, SX . . . . $ 1.60
67894-66 XLCH, '59-'67, XLH '54-'58, ST, BT . . . . . . $ 4.35
67897-66 Sprint H '62, Sprint C, H '63-'66 . . . . $12.10

G. PASSING LAMP HANDLEBAR SWITCH
70060-29 Two Way Switch includes wiring . . . . $ 8.20

PASSING LAMP BAR For mounting spots, lamps, and instrument accessories.
56575-26 Passing Lamp Bar $11.40

H. INDIVIDUAL PARKING LAMP
68553-65 Red Lens, 12-volt . . . . $ 7.90
68551-64A Amber Lens, 12-volt . . $ 8.70

REAR PARKING LAMP KITS
I. 68503-65 Electra Glide, 12-volt (use with turn signals) $17.75
68507-65 Electra Glide, 12-volt $17.75

MOUNTING BRACKETS ONLY FOR PARKING LAMPS
J. 68526-63 Rear, FL . . . . $ 4.85
68524-63 Rear, XLH . . . . $ 4.75
68527-63 Front, FL, XLH, '63-'66 . . . . $ 2.35

68530-67 Front, XLH, '67-'71 . . . $ 2.20
K. 68525-52A Universal Bracket . . $ 4.25

STOPLIGHT KITS
72001-68P Rapido '68 . . . . $ 3.05
72000-65P "M" Series '68 and earlier . . . . $ 3.05
72000-58 B and BT, '58-'62 . . . . $ 5.05
L. 68518-68 Electra Glide Bracket Kit — for mounting parking lamp on saddlebag guard or side of spotlight bracket . . . . $ 4.00

M. FRONT FENDER LIGHT For Electra Glide and Sportster.
59260-68 Front Fender Light $12.45

3

1969

AMF präsentiert sich gönnerhaft als Retter in der Not. Der Plan, Produktionskapazitäten umsatzträchtig hochzufahren, resultiert in einer drastischen Senkung der Produktqualität – schon immer ein Manko unkontrollierten Wachstumsstrebens.

Das Triebwerk der Sprint wächst für das Modelljahr 1969 von 250 auf 350 ccm, die Namensbezeichnung der Straßenversion ändert sich in „SS".

1969 steht ganz im Zeichen der Honda CB 750 Four, die nicht nur schneller und weicher läuft, sondern zudem erheblich billiger ist als Harley-Davidsons Sportster.

Die anderen japanischen Motorradhersteller blasen ebenfalls zum Angriff auf Harley-Davidsons „Big Bike"-Ehre.

In Erfüllung Präsident J.F. Kennedys Versprechen, gegen Ende des Jahrzehnts den ersten Menschen auf den Mond zu bringen, geht Neil Armstrong mit dem Ausspruch „One small step for man, one giant leap for mankind" am 20. Juli 1969 während der Raumfahrtmission Apollo 11 in die Weltgeschichte ein.

Im Sommer 1969 machen über 500 000 Menschen das in Woodstock im Staate New York veranstaltete Rockfestival zum unsterblichen Symbol der „Love, Peace & Happiness"-Generation.

1. Auch bekannt als „The Entertainer", pflegte Evel Knievel über alle möglichen und unmöglichen Dinge zu springen. **2.** Die Kombination von Triebwerk und Rahmen der Big Twin-FL mit dem Vorderbau der Sportster kreierte die Super Glide (FX), vorgestellt im Jahre 1971. Die ursprüngliche Version kam mit Trommelbremsen und „Bootsheck" auf den Markt, erhielt Mitte der Siebziger (aus dieser Zeit stammt diese Werbeanzeige) jedoch Scheibenbremsen und statt des ungeliebten Bootshecks ein konventionelles Heck mit traditionellem Schutzblech. **3.** Zahlreiche Werbeartikel begleiteten die Vermarktung Evel Knievels; dieses Spielzeugmodell aus Plastik und Blech zählte dabei zu den besseren Exemplaren des damaligen Merchandisings. **4.** Diese Broschüre listete ein breit gefächertes Angebot an Zubehörteilen auf, u.a. auch das unpopuläre Bootsheck der 1970–71er Sportster-Modelle.

1

2

3

4

1970 XLH

Das Modelljahr 1970 brachte für die Sportster XLH nur geringfügige Änderungen. Die sonst in regelmäßigen Abständen wechselnden Tankembleme wurden beibehalten, nur das Schema der Zweifarblackierung unterschied sich vom Vorjahr. Das Kennerauge sieht natürlich sofort, daß der linke Motorgehäusedeckel jetzt horizontal verrippt ist und die sonst der XLCH vorbehaltene Scheinwerferhaube nun auch die XLH ziert. Markanteste Unterscheidungsmerkmale dürften jedoch der anders geformte Tank und die anders gestaltete Auspuffanlage sein; charakteristisch für die XLH ist auch der gegenüber der XLCH vorhandene Elektrostarter. Ursprünglich sorgte an der XLCH ein Magnetzünder für den nötigen Zündfunken, ab 1970 übernahm sie schließlich die Batteriezündung der XLH.

INDIANA 96
20698
M CYCLE

HARLEY-DAVIDSON

XLH

BAYNE'S
HARLEY-DAVIDSON
SALES

1971
Baja 100

Die 1970 vorgestellte MSR-100, besser bekannt als Baja 100, sollte Harley-Davidson ein weiteres Marktsegment erschließen. Ihr Zweitakttriebwerk mit einem Hubraum von sechs Kubikzoll (98 ccm) machte aus der Baja 100 zwar keinen Überflieger, ihre enorme Bodenfreiheit, ihr kurzer Radstand und ihr leichtgewichtiges Auftreten prädestinierten die Maschine jedoch als konkurrenzfähiges Dirt-Bike, das in einem Jahr sogar die berühmte „Greenhorn Enduro“ gewann. Beim Publikum stieß die Baja 100 allerdings auf weniger großes Interesse, zogen doch immer mehr japanische Konkurrenzprodukte die Aufmerksamkeit der Zweiradgemeinde auf sich. Ab 1972 versuchte man, durch eine optional lieferbare Beleuchtungsanlage zusätzliche Käufer zu mobilisieren, kam aber zu keiner Zeit über ein jährliches Verkaufsvolumen von 1500 Einheiten hinaus. Das Jahr 1974 bedeutete schließlich das Aus für die mittlerweile unter SR-100 firmierende Baja 100.

1971 FX Super Glide

Customizing hieß das wohl populärste Zauberwort der siebziger Jahre. Individuelles Streben ließ technisch elegante Streetbikes ebenso entstehen wie abenteuerlichste Chopperkreationen. Kein Motorradhersteller aber traute sich ein serienmäßiges Custommodell auf den Markt zu bringen – zumindest nicht bis 1971, als Harley-Davidson mit der FX Super Glide für Furore im Zweiradlager sorgte. Die Verquickung von Triebwerk und Rahmen der FL mit dem leichten Vorderbau der Sportster XL (einschließlich der berühmten Scheinwerferhaube) gebar die FX, wobei ihr Glasfiberheck in stromlinienartiger Bootsform und ihre Fußrastenanlage sie erst zu einer Super Glide machten. Frühe Super Glides mußten noch angetreten werden, ab 1974 ließ sich der Big Twin dann auch per Knopfdruck starten. Auf Wunsch konnte das Debütmodell mit dieser an unserem Beispielexemplar gezeigten „Sparkling America“-Lackierung geliefert werden, eine schöne Sache für diejenigen, die mit patriotischem Hochgefühl der Welt zeigen wollten, wo die Geburtsstätte der ersten Werkscustom lag.

1971
20057
INDIANA
KERSTING'S
AMA

HARLEY-DAVIDSON

1971 XLH Sportster

Als die Sportster des Jahres 1970 debütierte, eingekleidet in ein stromlinienförmiges Bootsheck aus Glasfiber, sorgte sie für massive geschmackliche Divergenzen in Harley-Davidsons Fangemeinde. So dauerte es denn auch nur eine Saison, bis das Bootsheck für das Jahr 1971 aus der Standardausstattung verbannt und mit einem Aufpreis von $ 60 auf die Optionsliste gesetzt wurde. Ebenfalls optional war neben diversen anderen Farbvarianten auch die auf den Vorseiten gezeigte „Sparkling America“-Lackierung sowie das „Sparkling Turquoise“ der hier vorgestellten XLH Sportster, die mit dem optionalen Heck ausgestattet ist. Keins der Stylingexperimente entfachte jedoch ein größeres Publikumsinteresse, so daß die Optionsliste schließlich ohne diese Gimmicks in das neue Modelljahr 1972 ging.

1

2

1. Harley-Davidson setzte in der Werbeanzeigen der frühen Siebziger weiterhin auf die Tourentauglichkeit der FLH. **2.** Für das Modelljahr 1972 pflanzte man den Treibsatz der von Aermacchi gebauten Sprint zwar in eine modernere Rahmenkonstruktion, verhinderte damit aber nicht ihren Untergang. Die in der Werbung als „four-stroke torque" gepriesene Durchzugs-„kraft" der Sprint sollte von ihrer zweitaktenden Nachfolgerin schon bald jedoch Lügen gestraft werden. **3–4.** Diese Spielzeug-Harley ist in Wirklichkeit ein Bleistiftanspitzer. Trotz ihrer bescheidenen Länge von 38 mm ist sie sehr detailliert gearbeitet.

3

4

1969 1970 1971

Die Boeing 747 erlebt 1969 ihren ersten kommerziellen Flugeinsatz, während das Überschallflugzeug Concorde seinen ersten US-Flug von Seattle nach New York unternimmt.

Die XLCH tauscht für 1970 ihre Magnetzündung gegen die Batteriezündung der XLH ein.

Harley-Davidsons XR-750 erkämpft sich gleich in ihrem ersten Rennjahr 1970 eine beachtliche Reihe von Siegen.

Stuntman Evel Knievel startet seine Karriere auf einer modifizierten XR-750, indem er über Autos, Busse, schlichtweg über alles springt, was er für überspringenswert erachtet.

1970 debütiert die Geländemaschine Baja 100, die jedoch nach 1974 wieder in der Versenkung verschwindet.

Harley-Davidson präsentiert 1971 die erste ab Werk ausgelieferte Maschine im Customtrimm, die FX Super Glide; das Modell erweist sich zwar nicht als Bestseller, der Name – und das Konzept – jedoch entwickeln sich zu einem Dauerbrenner.

Die Kundschaft zeigt AMF/Harley-Davidsons 1971 eingeführtem Schneemobil die kalte Schulter; der Serientod ereilt das winterliche Fahrzeug bereits wenige Jahre später, nämlich 1975.

1971: Das „26th Amendment" zur US-Verfassung garantiert 18jährigen US-Bürgern das Wahlrecht; Joe Frazier stößt Schwergewichtschampion Muhammad ali von seinem Thron; die Beatles gehen getrennte Wege.

1

2

4

5

3

1–5. Die Schmalspurausgabe der Sportster, die Shortster, markierte einen weiteren Tiefpunkt in der Geschichte Harley-Davidsons. Obwohl das Minibike mit seinem 65-ccm-Zweitakter auf Motorgehäuse und Tank stolz den Namen „Harley-Davidson“ trug, wurde sein Treibsatz bei Aermacchi in Italien produziert. Die Minibikes hielten sich ebenfalls nicht lange am Markt; dieses stammt aus dem Jahr 1972.

1973 FL

Über 70 000 Harleys verließen im Jahre 1973 die Milwaukeer Werkshallen. Nur etwa 1000 von ihnen nahmen als FLs die unendlichen Weiten des amerikanischen Traums unter ihre Räder, erwies sich doch die höher verdichtete FLH als der größere Publikumsliebling. Hatte das Modelljahr 1972 den Big Twins am Vorderrad bereits eine Scheibenbremse spendiert, so bescherte ihnen das Jahr 1973 auch noch ein neues Tankemblem (bereits mit „AMF“-Logo) und das neue „Zebrastreifen“-Tankdekor. Das hier gezeigte Exemplar präsentiert sich regelrecht im Accessoirerausch, befindet sich aber sonst in unrestauriertem Originalzustand mit einer erstaunlich niedrigen Laufleistung – nur 68 Meilen zeigt der Meilenzähler an.

1973
X-90

Die X-90 war eines von zwei Minibikes, die Harley-Davidson für das Modelljahr 1973 anbot; die Z-90 unterschied sich nur geringfügig von der X-90, besaß aber statt der faltbaren Fußrasten eine starre Rastenkonstruktion. Die von einem Einzylinder-Zweitaktmotor mit einem Hubraum von 90 ccm angetriebenen Maschinchen wurden komplett mit Tachometer und Beleuchtung ausgeliefert, und konnten problemlos auch für den Straßenbetrieb zugelassen werden. Die zehnzölligen Aluminiumgußräder verfügten vorn und hinten über Trommelbremsen, der hochgelegte Auspuff über einen fahrerfreundlichen Hitzeschild. Auch Harley-Davidsons Minibikes vermochten der massiven japanischen Konkurrenz nicht zu trotzen, denn bereits drei Jahre später entschwanden sie wieder aus dem Modellangebot.

1. Nach über 40 Jahren Dienst auf amerikanischen Straßen segnete das dreirädrige Servi-Car 1973 das Zeitliche, bis zum allerletzten Modelljahr angetrieben vom antiquierten, aber zuverlässigen 45 cu.in.-Seitenventil-V-Twin. **2.** Dieser Comic entstand 1974 als Gemeinschaftsproduktion von Marvel Comics und der Ideal Toy Company. **3.** Das Jahr 1974 bescherte der FX Super Glide einen Elektrostarter, und dem modifizierten Modell die Typenbezeichnung „FXE". Hobbybastler mußten nicht allzu lange auf den entsprechenden Modellbausatz zu ihrer favorisierten Harley warten. Dieser Bausatz im Maßstab 1:6 stammt aus dem Hause Tamiya.

1

2

3

1972
1973

Die letzten US-Bodentruppen verlassen Vietnam, es werden jedoch weiterhin Bombenangriffe geflogen.

Fünf Personen werden bei einem Einbruch in das Hauptbüro der Demokratischen Partei im Watergate-Gebäude festgenommen; die Spuren führen bis hinauf zum Kommittee für die Wiederwahl des Präsidenten.

Richard Nixon wird zum US-Präsidenten wiedergewählt.

FL-Modelle erhalten für 1972 eine vordere Scheibenbremse.

XL-Modelle erfahren für 1972 eine Aufstockung ihres Hubraums auf 1000 ccm.

Das Gesetz erhebt ab 1973 Fahrtrichtungsanzeiger zur Pflicht.

XL-Modelle erhalten ab 1973 ebenfalls eine vordere Scheibenbremse.

1973: Alle verbliebenen US-Truppen verlassen Vietnam; die Watergate-Affäre findet ihre ersten Schuldigen; Vizepräsident Spiro Agnew tritt aufgrund eines Korruptionsverdachts zurück; Gerald Ford wird zum Vizepräsidenten ernannt.

Das Ölembargo der OPEC-Staaten im Jahre 1973 verursacht enorme Preissteigerungen und lange Warteschlangen an den Tankstellen.

1

2

3

1. Diese 1975er Sportster befindet sich in minuziös restauriertem Originalzustand. Nur wenige Modelle aus dieser Epoche überlebten ihr Zweiraddasein in serienmäßig belassener Originalität. **2.** Mitte der siebziger Jahre stellte Harley-Davidson ein Quartet neuer Zweitakt-Einzylindermodelle mit 175 und 250 ccm Hubraum vor. Die Straßenversion SS-250 kam 1975 auf den Markt; 1978 allerdings gingen die kleinen Harleys bereits in ihr letztes Modelljahr, bedeuteten die neuen, gesetzlich vorgeschriebenen Emissionsgrenzwerte dieses Jahres für alle zweitaktenden Fahrzeuge doch gleichzeitig auch den unwiderruflichen Todesstoß. **3.** In den Siebzigern fand sich auf nahezu jeder Harley das „AMF"-Emblem — oftmals begleitet vom gestreiften Firmenlogo in den Farben Rot, Weiß und Blau. Weil viele Harleyfahrer die Verbindung zu AMF mißbilligten, entkamen in dieser Zeit nur wenige Milwaukeer Maschinen der überaus populären Customizingmode.

1975 SS-250

Eins der Mitte der siebziger Jahre von Harley-Davidson vorgestellten Zweitaktmodelle war die 1975 eingeführte SS-250, die gleichzeitig auch als hubraumstärkste Straßenversion in das Rennen um die Käufergunst ging. Geländegängige Modellvarianten trugen statt des „SS" entsprechend ein „SX" in ihrer Typenbezeichnung; beide Modellausführungen bot Harley-Davidson jeweils mit einem Hubraum von 175 bzw. 250 Kubikzentimetern an. Der auf einer Yamaha-Konstruktion basierende Einzylindermotor war eines von vielen zweitaktenden Triebwerken, die nach 1978 den immer strengeren gesetzlichen Emissionsbestimmungen der „Environmental Protection Agency" zum Opfer fielen. Wie die meisten Harleys der damaligen Ära trugen auch die Kraftstofftanks der Zweitakter das „AMF"-Logo in Verbindung mit dem AMF-typischen dreifarbigen Streifendekor.

1975 XR-750

XR
750 HARLEY-DAVIDSON
HARLEY-DAVIDSON

HARLEY-DAVIDSON XR 750

Vorgestellt im Jahre 1970 als Nachfolgerin der seitengesteuerten KR-750, führte die neue XR-750 den Namen Harley-Davidson auf den Dirt-Tracks der siebziger Jahre zu neuen Siegen und Ruhmesehren. Als Triebwerksbasis diente der V-Twin der Sportster, ursprünglich ausgerüstet mit gußeisernen Zylindern und Zylinderköpfen, 1972 jedoch ausgetauscht gegen Komponenten in Aluminium. Zum gleichen Zeitpunkt verlegten die Harley-Konstrukteure die an der rechten Fahrzeugseite entlanggeführte Auspuffanlage auf die linke Seite, einhergehend mit entsprechenden Modifikationen an den Zylinderköpfen. Die Ventile des hinteren Zylinders waren bei beiden Ausführungen jeweils vertauscht, d.h. das Auslaßventil saß vorn, das Einlaßventil hinten im Zylinderkopf. Die Kraftstoffversorgung erledigten zwei Mikuni-Vergaser, wobei der Gasgriff so kurz übersetzt war, daß eine Viertelumdrehung die Gasschieber bereits in Vollgasposition brachte – gut für brachiale 90 Pferdestärken. Erst als die Japaner gegen Ende der siebziger Jahre mit technisch ausgeklügelteren Konstruktionen auch in Harley-Davidsons Dirt-Track-Reich einfielen, begann der Stern der XR-750 stetig, aber unaufhörlich zu sinken.

1

2

1. Nach seinem Erfolg mit der Super Glide ließ William G. Davidson, Enkelsohn eines der Firmengründer und Chef von Harley-Davidsons Designabteilung, den gerade populären „Café-Racer“-Look auch in Milwaukee Einzug halten. 1977 debütierte schließlich die auf einer Sportster basierende XLCR in limitierter Auflage. Begrenzt war aber auch das Publikumsinteresse, so daß dieses Modell bereits nach zwei Jahren wieder aus dem Programm gestrichen wurde. **2.** Die Leggero war Harley-Davidsons wiederholter Versuch, in den siebziger Jahren ein kleines zweitaktendes Anfängermotorrad zu etablieren – wie zu erwarten war er leider erfolglos. **3.** Zu Jay Springsteens zahlreichen Auszeichnungen gehörte auch der „Rider of the Year“ der Zeitschrift *Cycle* im Jahre 1977, jenem Jahr, in dem er eine Harley-Davidson XR-750 um die Rennpisten der Nation jagte.

Rechte Seite: **1–2.** Unglaublich, aber wahr. Dies ist keine echte Harley, sondern ein überaus fein detailliertes Modell der 1976er Liberty-Edition in Full-Dresser-Ausstattung aus dem Hause Franklin Mint.

3

1974 1975 1976

Der von Aermacchi gebaute Viertakt-Einzylindermotor entfällt 1974 zugunsten zweier Einzylindertriebwerke in Zweitaktbauweise mit Hubräumen von 175 und 250 ccm, die ebenfalls in Zusammenarbeit mit Aermacchi entstehen. 1978 stellt Harley-Davidson die Produktion sämtlicher klein- und mittelvolumigen Maschinen ein, und konzentriert sich fortan nur noch auf die Big Twins.

Die FX Super Glide erhält für 1974 einen Elektrostarter und die entsprechende Bezeichnung „FXE“.

1974 wird das 55 mph-Speed-Limit eingeführt.

1974: Richard Nixon tritt unter Androhung einer Amtsanklage von seinem Amt als US-Präsident zurück; Vizepräsident Gerald Ford übernimmt seinen Posten und gewährt ihm vollständige Amnestie.

Die Sportster übernimmt für 1975 die linksseitig angeordnete Schaltung der Big Twins.

Joe Frazier verliert seinen Schwergewichtstitel beim „Thrilla in Manila“-Kampf an den zuvorigen Champion Muhammad Ali.

Harley-Davidson produziert anläßlich Amerikas 200-Jahr-Feier eine Sonderserie von fünf „Liberty Editions“ mit Goldzierat.

Harley-Davidson
1200

1977 MX250

Harley-Davidson unternahm während der AMF-Jahre zahlreiche Versuche, in den unterschiedlichsten Marktsegmenten Fuß zu fassen, doch daß gerade eine reinrassige Motocrossmaschine im Lastenheft der Milwaukeer Edelschmiede erscheinen würde, damit rechnete wahrlich niemand. Ungefähr zum gleichen Zeitpunkt, als die „American Motorcycle Association“ Motocross als Rennsportklasse etablierte, stellte Harley-Davidson die von Aermacchi produzierte MX250 vor. Befeuert von einem Einzylinder-Zweitaktmotor sowie aufgebaut mit Chrommolybdänrahmen, japanischer Telegabel und Stoßdämpfern mit Ausgleichsbehältern, bewies die MX250 durchaus wettbewerbsfähige Qualitäten — allerdings nur solange, bis die Japaner auch in diesem Segment mit preisgünstigeren und schnelleren Maschinen auf den Markt drängten. Nach einem Gastspiel von nur zwei Jahren entschwand die MX250 bereits wieder in den Firmenannalen.

250
AMF Harley-Davidson

1977 XLCR

Der Versuch, aus dem in der Mitte der siebziger Jahre überaus populären „Café-Racer"-Trend Kapital zu schlagen, führte Harley-Davidson erneut in die Welt des Customizing. Die XLCR, konzipiert von William „Willie G." Davidson, verwendete als Basis eine normale Sportster, optisch abgewandelt mittels kleiner Lenkerverkleidung, schmalem Vorderradschutzblech, kantigem Kraftstofftank, Glasfiberheck mit Solositzbank, dreier Scheibenbremsen und einer speziellen 2-in-2-Auspuffanlage mit zusammengeführten Krümmerrohren. Lackiert wurde die Maschine in dominantem Schwarz. Die XLCR wurde zwar als „the most powerful production cycle Harley-Davidson has ever built" beworben, doch das hieß nicht sehr viel, bot doch die japanische Konkurrenz Motorräder an, die schneller und auch billiger waren. Hinzu gesellte sich die Tatsache, daß der typische Harleykunde eher ein distanziertes Verhältnis zur Café-Racer-Mode pflegte. Nach nur zwei Jahren erzwangen bescheidene Verkaufszahlen die Produktionseinstellung dieses sehr interessanten (und bald darauf schon sehr gesuchten) Modells.

1978 FXS Low Rider

Das Jahr 1977 bescherte Harley-Davidsons Fangemeinde neben der XLCR noch ein weiteres Custommodell, die FXS Low Rider. Weitaus näher am Geschmack des Harleypublikums angesiedelt, entwickelte sich die FXS spontan zu einem Bestseller, der sämtliche Stallgenossinen in punkto Verkaufszahlen überflügelte. Ein mattschwarzes Instrumentenbord auf einem „Fat Bob"-Tank, ein flacher Lenker und eine tief abgepolsterte Sitzbank verliehen der Low Rider einen aufregenden Dragstertouch. Der 74 Kubikzoll große V-Twin ließ sich per Kickstarter sowie auch per Elektrostarter zum Leben erwecken, die Gußräder präsentierten sich in einem modernen neunspeichigen Design, ausgestattet mit insgesamt drei Scheibenbremsen. Ursprünglich nur in Metallicgrau angeboten, ergänzte Harley-Davidson die Farbpalette im Spätjahr 1977 mit den Farbtönen Schwarz und Weiß. Nur geringfügig modifiziert ging die FXS Low Rider in das Modelljahr 1978, das für die 74 Kubikzollversion des Big Twins gleichzeitig auch die letzte Saison bedeutete.

1

2

1. Anläßlich des 75. Firmenjubiläums im Jahre 1978 präsentierte Harley-Davidson eine limitierte Sonderedition der Sportster, eine besonders ausgestattete XL-1000, mit goldfarbenem Zierat und einer lederbezogenen Sitzbank.
2. Matchbox brachte im Laufe der Jahre auch diverse Harleymodelle auf den Markt, hier ein Modell aus dem Jahr 1980 in der Optik der damals aktuellen FL.

1976
1977
1978
1979

Jimmy Carter wird zum neuen Präsidenten der USA gewählt.

Das Computerunternehmen Apple entwickelt seinen ersten PC.

Das Jahr 1977 bringt zwei neue Custommodelle auf den Markt, die FXS Low Rider und die XLCR. Während die FXS großen Ruhm erntet, entschwindet die XLCR schon bald wieder in der Versenkung.

Seitenwagenfreunde müssen ab 1977 auf die Getriebeoption mit drei Vorwärtsgängen und Rückwärtsgang verzichten.

1977: Die erste Space Shuttle wird getestet.

Ein Big Twin mit 80 Kubikzoll (1311 ccm) wird 1978 als Triebwerksoption für die Electra Glide eingeführt.

Die Sportster erhält für 1978 eine elektronisches Zündsystem.

Leon Spinks bezwingt Muhammad Ali im Kampf um den Schwergewichtstitel, muß ihn aber kurz darauf nach einem neuerlichen Fight wieder zurückgeben.

Die leistungsschwächere FL wird für 1979 aus dem Modellangebot genommen.

1

2

3

1–2. 1983 präsentierte Harley-Davidson mit der in sehr begrenzter Stückzahl gebauten XR-1000 die reinrassigste Rennmaschine mit Straßenzulassung in der bisherigen Firmengeschichte. Zylinderköpfe in Aluminium, zwei Dell'Orto-Vergaser und linksseitig hochgezogene Auspuffanlage identifizierten sie eindeutig als direkten Ableger der XR-750. Leider behielt Harley-Davidson diesen Straßenschocker nur einige Jahre lang im Programm – schon allein aus diesem Grunde war der XR-1000 von vornherein ein sammelnswerter Status garantiert. **3.** Die „Heirloom Collectors Guild" zeichnete für diese 1980 in limitierter Auflage produzierte Replika eines frühen Harley-Davidson-Modells verantwortlich, in akurater Detaillierung handgearbeitet aus Sterlingsilber und Gold.

1981 FLT

Obwohl die FLT nur recht bescheidene Produktionszahlen verbuchte, galt sie unter Langstreckenfahrern als das Reisemotorrad schlechthin. Unterhalb des Tanks, dessen Dekor sich erstmals ohne „AMF“-Logo präsentierte, erglänzte ein neuer, mächtiger Luftfilterkasten, der in dieser Form ebenfalls an anderen V-Twins der frühen achtziger Jahre verbaut wurde. Die Reiseausstattung mit Windschild, Packtaschen und Topcase rückt die FLT optisch sehr in die Nähe eines anderen Milwaukeer Tourenmodells, so daß dem ungeübten Betrachter nur ein Blick auf die untere Abschlußkante des vorderen Kotflügels *(rechte Seite, unten rechts)* verrät, um welches Modell es sich bei dieser Maschine eigentlich handelt.

MOTOR
HARLEY-DAVIDSON
CYCLES

FLT

1. Diesen Mann hätten die wenigsten Amerikaner auf einem Chopper sitzend vermutet. Ed McMahon war neben anderen Hollywood-Originalen Star der Komödie *Gridlock*, die in den achtziger Jahren Premiere feierte, und später in *The Great American Traffic Jam* umbenannt wurde. Die Chopper-Harley entspricht bei diesem Schnappschuß ganz und gar nicht ihrem Lebenssinn, ist sie doch recht unfrei an einen Zugwagen geschnallt. **2.** In den siebziger und achtziger Jahren verloren die Behördenmodelle aus dem Hause Harley-Davidson zunehmend an Popularität. In Oakland schien die Tradition jedoch auch weiterhin Bestand zu haben, hier zu sehen an einem Polizisten und seiner 1979er FLH. **3.** Selbst die Kosmetikfirma Avon zeigte Interesse für den Mythos aus Milwaukee. Dieser einem dreirädrigen Chopper nachempfundene Parfümflakon läßt sich mittels eines abschraubbaren Vorderbaus öffnen.

Rechte Seite: **1–2.** Dieses detailgetreue Modell einer 1983er FLT im Maßstab 1:6 wird vormontiert ausgeliefert. Das über 700 Einzelteile – die meisten aus Metall – umfassende Modell wiegt stattliche 2,5 kg.

1

2

3

1979
1980
1981
1982
1983

Im Kernkraftwerk von Three Mile Island kommt es 1979 zu einer Reaktorschmelze.

Die Industrienationen werden von einer zweiten Ölkrise gebeutelt.

Im Herbst des Jahres 1979 wird die amerikanische Botschaft im Iran besetzt; 62 Geiseln werden dort über ein Jahr lang gefangen gehalten.

Ronald Reagan wird 1980 zum neuen US-Präsidenten gewählt.

1981: Das Management von Harley-Davidson kauft das Unternehmen aus der Fusion mit AMF frei.

Im Spätjahr 1981 debütiert die FXR mit Fünfganggetriebe und gummigelagertem Triebwerk.

Die Sportster-Familie erhält für das Jahr 1982 eine verstärkte Rahmenkonstruktion sowie anläßlich des 25sten Modelljubiläums eine spezielle Geburtstagsedition.

Das Jahr 1983 bringt neben einer Low-Budget-Sportster, der XLX-61, auch die Straßenversion der XR-750, die exotische XR-1000, auf den Markt.

1

2

1981 Heritage Edition

Die im Jahre 1981 vorgestellte Heritage Edition sorgte mit ihren antiquiert wirkenden Accessoires für eine nicht unattraktive Wiederbelebung der guten alten Zeiten. Wuchtige Kotflügel, Scheinwerfer im Stil der Sechziger, Chromhüllen an den Stoßdämpfern, klassischer „Buddy Seat" mit Griffreling sowie Fransen an Sitzbank und Packtaschen gaben in Kombination mit der in Olivgrün und Orange gehaltenen Lackierung einen Eindruck dessen, was in der Vergangenheit einmal als modern erachtet wurde. Die Heritage verquickte als allererstes Modell in Harley-Davidsons Modellpalette den neuen 80-Kubikzoll-V-Twin mit einer auf antik getrimmten Optik – ein stilistisches Merkmal, das heute gar nicht mehr aus dem Modellangebot der Milwaukeer Edelschmiede wegzudenken ist.

HARLEY-DAVIDSON
Heritage Edition
FLH

AMF HARLEY-DAVIDSON
Harley-Davidson
80
cu.in. displacement

Heritage Edition

1982 FXB Sturgis

Die FXB, eingeführt im Jahre 1982 auf der jeden Sommer in Sturgis, Süddakota, stattfindenden Bike-Week, wurde aus diesem Grunde auch bekannt unter dem Modellnamen „Sturgis". Das Kürzel „FX" identifiziert dieses Modell als eine Version der Low Rider, der Buchstabenzusatz „B" die jeweils an Primär- und Sekundärtrieb statt konventioneller Ketten verbauten Zahnriemen. Verlängerte Vorderradgabel, Geweihlenker, gestufte Sitzbank und – quadratmeterweise – schwarzer Lack gewürzt mit einer Prise Chrom und orangefarbenem Dekor verhalfen der FXB gleich von Beginn an zu ungeheurer Popularität – und zum Status eines modernen Klassikers.

1

1. Eine Harley-Davidson ist immer ihr Geld wert, auch wenn es um den Wiederverkauf geht. Ein Blick in die „Suche"-Rubriken der einschlägigen Zeitschriften war laut dieser Harley-Davidson-Anzeige des Jahres 1983 die einfachste Methode eine Harley zu verkaufen. Wie sehr sich die damaligen Weisheiten bewahrheiten sollten, untermauern späte Shovelheads, die heute mindestens ihren damaligen Neupreis erbringen. **2.** Martin Jack Rosenblum ist nicht nur ein erfolgreicher Songschreiber und Dichter, sondern gleichzeitig auch Harley-Davidsons Archivar. **3.** Dieser Glashumpen, veredelt durch die Reproduktion eines Harley-Davidson-Öldosenetiketts, dürfte zweifellos für die Befüllung mit durstlöschenderen Flüssigkeiten bestimmt sein.

2

3

1983

1983 wird die Harley Owners Group (H.O.G.) als weltweiter Zusammenschluß von Harleyfahrern gegründet.

Harley-Davidsons Comeback läßt die japanischen Motorradhersteller verstärkt in die Fußstapfen der berühmten amerikanischen Marke treten. Nachahmung mag vielleicht die ehrlichste Form von Bewunderung darstellen, aber manche der japanischen Imitate erweisen sich als regelrechte Kopien des Originals.

Im April des Jahres 1983 werden auf Drängen Harley-Davidsons Schutzzölle auf alle ausländischen Motorräder über 700 ccm eingeführt; die Zollbestimmungen sind anfänglich rigoros, verlieren im Laufe der Jahre aber immer mehr an Bedeutung.

Die Japaner reagieren prompt auf die ihnen auferlegten Zölle und verringern die Hubräume ihrer großen Modelle auf knapp unter die 700-ccm-Marke.

Im April 1983 wird die amerikanische Botschaft in Beirut bombardiert; im Oktober explodiert eine Lastwagenbombe in einem Marines-Stützpunkt.

US-Truppen stürmen im Oktober 1983 die Insel Grenada nach einem linksgerichteten Putsch.

1

© Harley-Davidson

2

© Harley-Davidson

1. Diesem Slogan liegt ein Zitat aus der Gettysburg-Rede Abraham Lincolns zugrunde, von Harley-Davidson werbeträchtig für den Gesamtkatalog des Jahres 1983 umgesetzt. Insgesamt 11 verschiedene Modelle warben in der neuen Saison um die Gunst der Käufer – in den nachfolgenden Jahren sollten es sogar noch mehr werden. **2.** Die customisierten Big-Twin-Modelle bestimmten für das Jahr 1983 knapp die Hälfte der Angebotspalette. Die FXE Super Glide ging ins Rennen mit der alten Rahmenversion, starren Motoraufhängungen und einem Vierganggetriebe. **3.** Wie die FXE präsentierte sich auch die FXSB Low Rider mit altem Rahmen, verfügte aber in Primär- und Sekundärtrieb statt über Ketten nun über Zahnriemen. Weitere Merkmale waren Guß- statt Speichenräder sowie eine auf dem Tank angeordnete Instrumentenkonsole. **4.** Die FXWG Wide Glide gab sich mit breiter Vorderradgabel und kleinem Scheinwerfer ganz wie ein echter Chopper. Sämtliche FX-Modelle mit altem Rahmen wiesen gegenüber den FXRs mit neuem Rahmen eine um stattliche 5 cm niedrigere Sitzhöhe auf. **5.** Die im Jahre 1982 vorgestellte FXR wurde gemeinhin als Meilenstein in Harley-Davidsons Modellgeschichte gefeiert, verfügte sie doch über eine neue, steifere Rahmenkonstruktion, die erstmals auch gummigelagerte Aufhängungspunkte für den V-Twin aufwies. Die stark abgedämpften Motorvibrationen verhalfen den neuen Modellen in Kombination mit einem Fünfganggetriebe zu einem erheblich gesteigerten Langstreckenkomfort. Das Typenkürzel FXRS bedeutete für den Kunden ein stärker customisiertes Modell mit Guß- statt Speichenrädern sowie diversen zusätzlichen Customaccessoires. FXR-Modelle lassen sich recht einfach anhand ihres Rahmendreiecks unterhalb der Sitzbank sowie ihrer weiter hinten am Rahmenheck angelenkten Stoßdämpfer identifizieren. Weiteres Merkmal waren die in der harleytypischen Tank- als auch in einer Lenkerkonsole beherbergten Kontrollinstrumente.

3

© Harley-Davidson

4

© Harley-Davidson

5

© Harley-Davidson

Die Evolution-Ära

Befragt man zehn Shovelhead-Besitzer nach ihren Maschinen, so wird man einhellig positive Antworten erhalten. Befragt man jedoch zehn ehemalige Shovelhead-Besitzer nach ihren V-Twins, so werden ihre Meinungen untereinander so unterschiedlich ausfallen wie man es sich nur vorzustellen vermag. Worauf aber gründet sich dieses nur allzu deutliche Mißverhältnis? Erstens wird niemand seinen fahrbaren Untersatz jemals dem Verrat preisgeben. Zweitens waren Harleyfahrer früherer Jahrzehnte an Vibrationen und die überdurchschnittliche Pannenanfälligkeit ihrer Harleys gewöhnt – für sie gehört dies zum guten Ton einer Harley-Davidson. Wer also noch nie in den Genuß eines Filet Mignon kam, der wird auch weiterhin gern in einen Hamburger beißen.

Als Harley-Davidson an einigen Modellen des Jahres 1984 den Evolution-V2 vorstellte, keimte bei Skeptikern nicht die Frage, ob diese Triebwerksgeneration denn überhaupt eine Verbesserung darstellte (für viele konnte es nur eine sein), sondern ob dieser Motor überhaupt als ernsthafte Konkurrenz gegen die japanischen V-Twins anzutreten vermochte. Die Zylinder, nun aus Aluminium gegossen, präsentierten sich zwar wie schon zuvor mit einem Hubraum von 80 Kubikzoll, verfügten jetzt allerdings über eine erhöhte Verdichtung, die sich dennoch aber mit bleifreiem Normalbenzin begnügte. Wie von Harley-Davidson nicht anders zu erwarten, trat der neue V-Twin mit neu gestaltetem Ventiltrieb auf den Plan, dessen optische Gestaltung der Ventildeckel – die Form von Holzscheiten läge hier wohl am nächsten – in der Harleygemeinde sehr bald den Spitznamen „Blockhead" (Holzkopf) aufkommen ließ. Der mit Hilfe moderner Computertechnologie entwickelte Treibsatz gab sich gegenüber früheren Konstruktionen erheblich weicher, ruhiger in seiner Laufkultur, kraftvoller in seiner Leistungsentfaltung und vor allem – was sich jedoch erst im Laufe der Zeit herausstellen sollte – auch wesentlich zuverlässiger.

Leider spendierte das Milwaukeer Traditionsunternehmen seine neue Errungenschaft nicht allen Modellen des Jahres 1984, und einige der Versionen, die in den Genuß des neuen V2 kamen, mußten sich aber wiederum mit starren Motoraufhängungen und einem Viergang-getriebe benügen. (Anfang der achtziger Jahre hatte Harley-Davidson an einigen Modellen bereits gummigelagerte Aufhängungen und ein Fünfganggetriebe eingeführt). Alle Modelle, die weiterhin mit einem Shovelhead um die Käufergunst warben, gingen ebenfalls mit starrer Motoraufhängung und vier Gängen ins Rennen – für ein abwechslungsreiches (und verwirrendes) Modellangebot war also gesorgt.

Der Kunde allerdings, der einen Überblick über die Modellvielfalt behalten wollte, sah sich mit einer nahezu unlösbaren Aufgabe konfrontiert. Sportster (Typenbezeichnung „XL") ließen sich gerade noch anhand ihrer stilistischen und ausstattungstechnischen Merkmale unterscheiden. Eine augenfällige Ausnahme bildete die bereits 1983 vorgestellte XR-1000, die, mit Aluminiumzylinderköpfen und pro Zylinder einem Vergaser ausgerüstet, als straßentauglicher Ableger der XR-750 die leistungshungrige Fraktion unter den Harleyfahrern mehr als zufriedenstellte. Die Big Twins hingegen waren da eine ganz andere Geschichte. Drei Kategorien sorgten mittlerweile für ein überaus lebhaftes Modellangebot: FL (Tourenmodelle), FX (Custommodelle) und FXR (Sport-/Tourenmodelle).

Innerhalb dieser Kategorien plazierte Harley-Davidson zudem unterschiedliche Fahrwerkskonzepte. Der Typenzusatz „ST" bedeutete „Softail" und stand für eine vollgefederte Rahmenkonstruktion, die trotz ihrer Starrahmenoptik am Hinterrad mit ausreichend (und gut verstecktem) Federungskomfort verwöhnte. Gemeinsam vorgestellt mit dem Evolution-V2 im Jahre 1984, hat das Softail-Prinzip seitdem bei zahlreichen FL- und FX-Modellen erfolgreich Einzug gehalten. Die Kombination aus Softail-Rahmen und „Springer"-Gabel firmierte unter der Bezeichnung „STS" und rief verstärkt Reminiszenzen an Harley-Davidsons Frühzeit wach, ohne jedoch dabei die Komfortansprüche der Neuzeit außer acht zu lassen. Eine breite Vorderradgabel im Chopperlook bedachte FX-Modelle mit dem Typenzusatz „WG" (Wide Glide), obgleich auch FX-Versionen ohne den Zusatz „WG" in den Genuß dieser Gabelkonstruktion kamen. Feste Grundregeln schienen im Milwaukeer Modellangebot also kaum zu existieren.

Als nicht gerade förderlich für das Firmenimage erwies sich die eingangs bereits angedeutete unstete Modellpolitik, die nicht alle Modellversionen gleichzeitig mit den Neuerungen des Jahres 1984 bedachte. So verfügten manche Modelle eines Jahrgangs über fünf Gänge und gummigelagerte Motoraufhängungen, andere nicht. Drei Scheibenbremsen waren ebenfalls nicht bei allen Modellen Stand der Dinge, ebensowenig wie die 1983 an der FXRS eingeführte Telegabel mit Anti-Dive-System.

Die Sportster erhielt den Evolution-V2 erst im Jahre 1986, wobei das bisherige 1000-ccm-Triebwerk durch ein Pärchen Evolutions mit 883 und 1100 ccm ersetzt wurde. Die größere Hubraumvariante wuchs später auf 1200 ccm an, was in etwa den 74 Kubikzoll aus alten Big-Twin-Tagen entsprach. Im Laufe der Jahre sorgte die Sportster zwar für späten, aber kräftigen Familienzuwachs – heute stehen dem Kunden mittlerweile fünf Modellvarianten zur Auswahl.

Trotz aller modellpolitischen Unzulänglichkeiten setzten die Evolution-Modelle in bezug auf Qualität und Zuverlässigkeit Maßstäbe, von denen Harleyfahrer früherer Generationen nicht einmal zu träumen gewagt hätten. Und damit wären wir wieder bei jenen Fahrern, die ihre Shovelheads an den sprichwörtlichen Nagel gehängt haben ... und die Freuden des Lebens auf einer modernen „Evo" ausgiebig genießen.

© Harley-Davidson

2

© Harley-Davidson

1. Der 1984 vorgestellte Evolution-V2 verfügte zwar über die gleichen 80 Kubikzoll wie der alte Shovelhead, präsentierte sich jedoch kultivierter und zuverlässiger. Die Holzscheiten nicht unähnliche Formgebung der Ventildeckel brachte dem neuen Motor bald den Beinamen „Blockhead“ ein, obgleich er in Harleyfahrerkreisen mittlerweile eher als „Evo“ bekannt ist. Leider kamen 1984 nicht alle Big Twins in den Genuß des neuen Triebwerks: Beide FXR, zwei der drei FL und die neue FXST waren die glücklichen Modelle, während sich die übrigen Versionen ein weiteres Jahr mit dem Shovelhead begnügen mußten. **2.** Das sehr pittoresk gehaltene Titelblatt der 1984er Verkaufsbroschüre gab keinen Hinweis auf die neu eingeläutete Triebwerksära, während der Inhalt nur wenige Informationen über die neue „Softail“-Rahmenkonstruktion der FXST bereithielt, die äußerlich zwar einem Starrahmen ähnelte, im Verborgenen jedoch mit moderner Federungstechnologie verwöhnte.

1984

Vorgestellt in einigen Big-Twin-Modellen des Jahres 1984, eröffnet der Evolution-V2 für Harley-Davidson eine neue Ära im Motorenbau.

Sieben Jahre Entwicklungszeit verhelfen der neuen Triebwerkskonstruktion zu gesteigerter Zuverlässigkeit, eine Eigenschaft, mit der die alten Shovelhead-Aggregate nicht gerade zu glänzen vermochten.

Der Hubraum des neuen V2 beläuft sich auf 80 Kubikzoll (1311 ccm); einige Modellversionen verfügen über gummigelagerte Motoraufhängungen und ein Fünfganggetriebe.

1984 ist ebenfalls das Debütjahr des Softail-Rahmens, der erstmals an der FXST verbaut wird. Optisch ähnelt das Rahmenheck einer Starrahmenkonstruktion, setzt sich aber aus Hinterradschwinge und unterhalb der Sitzbank verborgenem Stoßdämpfer zusammen.

© Harley-Davidson

1

© Harley-Davidson

2

© Harley-Davidson

3

1. Die Sportster kam in drei Modellversionen. Basismodell war die spartanisch gehaltene XLX-61, die sich gegenüber 1983 kaum verändert zeigte. In den Genuß des Evolution-V2 gelangten die Sportster allerdings erst ein paar Jahre später. **2.** Die weiter oben angesiedelte XLH verfügte über die Mechanik der XLX, präsentierte sich jedoch mit Doppelsitzbank, Geweihlenker sowie diversem verchromten und polierten Zierat. **3.** Die in nur geringer Stückzahl verkaufte XR-1000 ging ins Modelljahr 1984 mit leistungsoptimiertem Triebwerk, beatmet mittels zweier Vergaser, glich aber optisch ansonsten der XLX. Einzig lieferbarer Farbton war Schiefergrau.

4. Basismodell der Big-Twin-Fraktion war die FXE Super Glide mit starr aufgehängtem Shovelhead-Triebwerk und Vierganggetriebe. **5.** Die FLH Electra Glide eröffnete die Tourenpalette als einziges Modell mit Shovelhead, starrer Motoraufhängung und vier Gängen. Einziges Zugeständnis an moderne Zeiten war der zahnriemengetriebene Sekundärtrieb. **6.** Evolution-V2, vibrationsdämpfende Motorlagerung und fünf Gänge setzten die FLHTC Electra Glide Classic an die Spitze von Harley-Davidsons Tourenbikes. Den modernen Riementrieb tauschte sie allerdings gegen eine ölbadgekapselte Kette ein.

© Harley-Davidson

4

© Harley-Davidson

5

© Harley-Davidson

6

1

© Harley-Davidson

1. Das Modelljahr 1985 beging die Low Glide mit Zahnriemenantrieb, entsprach mit steiferem Rahmen, gummigelagertem Motor und Fünfganggetriebe ansonsten aber der Vorjahresausgabe. Wie alle Big Twins verwendete auch sie für das Jahr 1985 den neuen Evolution-V-Twin. **2.** Harley-Davidsons Zahnriementrieb erfreute sich zunehmend größerer Popularität und auch Zuverlässigkeit, so daß immer mehr Big-Twin-Modelle damit ausgerüstet wurden. Diese Katalogseite beschrieb die Vorteile des wartungsfreundlichen Prinzips.

2

© Harley-Davidson

1984
1985
1986

Der ungeheure Boom auf dem Zubehörmarkt verhilft dem Bekleidungsprogramm von Harley-Davidson zu noch größerer Popularität.

Der letzte Shovelhead-V-Twin verläßt die Produktionshallen im Juni des Jahres 1984.

Die USA erlebt die Einführung der „neuen" Coca-Cola, die sich jedoch am Markt nicht etablieren kann. Die originale Coke feiert daraufhin ihr Comeback als „Coca-Cola Classic".

Sportster-Modelle kommen 1986 ebenfalls in den Genuß des Evolution-V2, angeboten in den Hubraumvarianten 883 und 1100 ccm. Zylinder und Zylinderköpfe sind in Aluminium gegossen, der Ventiltrieb verfügt über Hydrostößel, das Getriebe hingegen beharrt weiterhin auf seiner Viergangauslegung.

1. Das Titelblatt der Verkaufsbroschüre 1985 unterschied drei Modellkategorien: Street (anhand einer Sportster), Custom (anhand einer Softail) und Touring (anhand einer Sport Glide). Bedauerlicherweise entfielen für dieses Jahr nahezu sämtliche Typenbezeichnungen zugunsten bloßer Namensgebungen – zumindest jedoch in der Broschüre. **2.** Obwohl sich das Modellangebot vornehmlich aus Big Twins rekrutierte, zählte die Sportster nach wie vor zu den Publikumslieblingen. Vier Modellvarianten waren lieferbar, wobei der XLX-61 erneut die Einsteigerrolle zukam. **3.** Die XLS Roadster des Vorjahres wandelte sich für 1985 namentlich zur Roadster, konzipiert als Sportster, ausgestattet jedoch mit „Fat Bob"-Tank sowie Instrumentenkonsole der Big Twins.

© Harley-Davidson

1

2

© Harley-Davidson

3

© Harley-Davidson

1988 FLSTC

Die FLSTC erfreute sich unter Harleyfans nicht nur überaus großer Beliebtheit, sondern diente 1994 auch als Vorlage für eine Replika des Modellherstellers Franklin Mint. Das bewußt antiquiert gehaltene Styling der FLSTC rief Reminiszenzen an frühe Hydra-Glide-Tage wach, kombinierte es doch das optisch am Starrahmen angelehnte Softail-Heck mit der voluminösen Telegabel der FL und Kotflügeln im Stil der fünfziger Jahre. Sitz und Packtaschen präsentierten sich verziert mit Nieten, Fransen und muschelförmigen Emblemen, während die Kotflügel vorn und hinten mit Zusatzleuchten ausgestattet waren.

1988 FXSTS

Softail und „Springer"-Gabel charakterisierten die FXSTS, die von Harley-Davidson ebenfalls als Hommage an vergangene Zeiten ins Rennen um die Käufergunst geschickt wurde. Moderne Ansprüche erfüllte das Retro-Bike mit Scheibenbremsen an Vorder- und Hinterrad sowie einem Stoßdämpfer an Gabel und einem Sekundärtrieb mittels Zahnriemen. Customfreunde kamen zudem in den Genuß eines geschwungenen Hinterradkotflügels, einer hochglanzverchromten Gabel und eines „Fat Bob"-Tanks mit verchromter Instrumentenkonsole. Die FXSTS war eins von drei Modellen, die 1988 anläßlich des 85. Firmenjubiläums mit speziellem Dekor und entsprechenden Plaketten ausgestattet wurden.

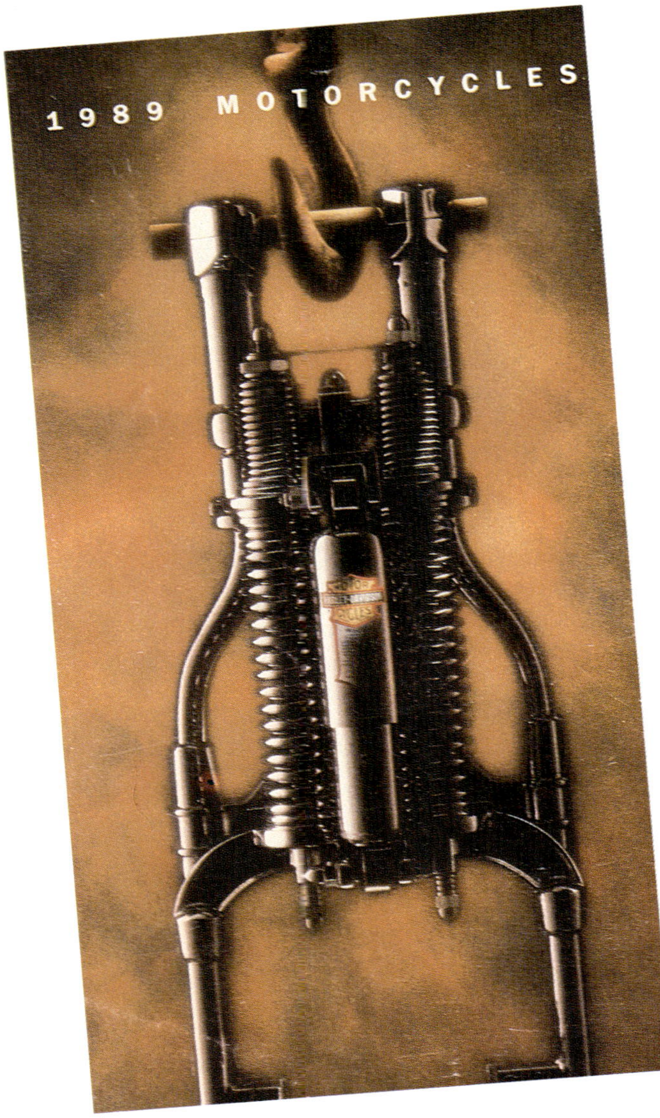

© Harley-Davidson

1

© Harley-Davidson

2

© Harley-Davidson

3

1. Das Katalogtitelblatt für 1989 veranschaulichte mehr als deutlich die Rückkehr zu den Wurzeln – zumindest was das Federungsprinzip der Vorderradgabel betraf. Wiedereingeführt im Jahr zuvor an der FXSTS, hatte Harley-Davidson seit 1948 keine Big Twin mehr mit einer „Springer"-Gabel ausgestattet. **2.** Die 1989er FLSTC Heritage Softail Classic kombinierte Softail-Rahmen mit klassischen Stylingelementen wie voluminösen Kotflügeln und der im Scheinwerferbereich verkleideten FL-Gabel. **3.** Ihrem Namen wenig Ehre machte für 1989 allerdings die FLHS Electra Glide Sport, die ihre sportive Lenkerverkleidung gegen einen unsportlichen Windschild austauschte.

1986

Harley-Davidson kauft im Jahre 1986 das Unternehmen Holiday Rambler.

Im Januar 1986 explodiert die Raumfähre *Challenger* kurz nach dem Start; alle sieben an Bord befindlichen Astronauten finden den Tod.

Eine Reaktorschmelze im Kernkraftwerk Tschernobyl im April des Jahres 1986 sorgt für eine weitere traurige Schlagzeile in der Geschichte der Kernenergie.

Der illegale Verkauf von Waffen in Höhe von 30 Millionen Dollar an den Iran dient als Grundlage für die finanzielle Unterstützung der Contras in Mittelamerika; der Regierungsbeamte Oliver North spielt in diesem Skandal eine tragende Rolle.

© Harley-Davidson

1

© Harley-Davidson

2

© Harley-Davidson

3

© Harley-Davidson

4

1. Harley-Davidsons Toptourer war die FLTC Ultra Classic Tour Glide, die sich von den normalen Electra Glides durch ihre rahmenfeste Verkleidung mit Doppelscheinwerfer unterschied. **2.** Die megalange Modellbezeichnung „FLHTC Ultra Classic Electra Glide“ dürfte wohl manchen Kunden schlichtweg überfordert haben, das Ausstattungsniveau hingegen kaum. Alle Tourer verfügten mittlerweile über den gummiaufgehängten Evolution-V2, Fünfganggetriebe und Zahnriementrieb – als eigentliches Unterscheidungskriterium diente im Prinzip nur noch das verbaute Maß an Luxus. **3–4.** Entfielen beispielsweise CB-Funk, Cruise Control und Zigarettenanzünder, so entfiel auch das „Ultra“. FLHTC Electra Glide Classic und FLTC Tour Glide Classic schien der Verlust dieser Luxusaccessoires allerdings nur wenig Abbruch zu tun. **5.** Die FXRS Low Rider kombinierte den modernen FXR-Rahmen mit einem in schwarzem Kräusellack und Chromakzenten gehaltenen Evolution-V2. **6.** Die sportliche Ausgabe der Low Rider präsentierte sich mit zwei vorderen Scheibenbremsen und Anti-Dive-Gabel.

© Harley-Davidson

5

© Harley-Davidson

6

1. Diese Keramikflasche produzierte die Harley-Davidson Motor Company anläßlich des 85. Firmenjubiläums. **2.** Der Comic *Harley Rider* wurde veröffentlicht im Jahre 1988 und war gedacht als Start einer Comicreihe. Es blieb jedoch bei dieser einen Ausgabe. **3.** Die wiedererstarkte Konkurrenzfähigkeit der Milwaukeer Schlachtrösser äußert sich auch in der Tatsache, daß viele Polizeibehörden erneut auf Harley-Davidson setzen. Die California Highway Patrol orderte Mitte der achtziger Jahre eine ganze Wagenladung solcher FXRPs.

1

2

3

1987
1988

Im Herbst 1987 ersucht Harley-Davidson um die Wiederaufhebung des 1983 verhängten Schutzzolls auf ausländische Motorräder über 700 ccm.

Im Juli des Jahres 1987 geht Harley-Davidson mit einem Aktienpaket an den New York Stock Exchange.

Ein Aktienumsatz in Höhe von knapp 70 Millionen Dollar verhilft „The Motor Company" zu neuem Kapital, und schafft damit die Grundlage für eine Marktoffensive mit neuen Modellen.

George Bush wird 1988 zum neuen Präsidenten der USA gewählt.

1

1. Dieses fein detaillierte Modell einer 1988er FLHTC stammt aus dem Hause Franklin Mint. **2–3.** 1990 legte Elvis Presley Enterprises eine limitierte und numerierte Serie von verschiedenen Gedenktellern auf. **4.** Die Anfang der Neunziger ausgestrahlte TV-Serie *Twin Peaks* erlangte in kürzester Zeit Kultstatus. James Hurley alias James Marshall, hier zu sehen an der Tankstelle seines Onkels, bewegte diese schwarze Harley durch zahlreiche Episoden der geheimnisvollen Serie.

2

3

4

1991 FXDB Sturgis

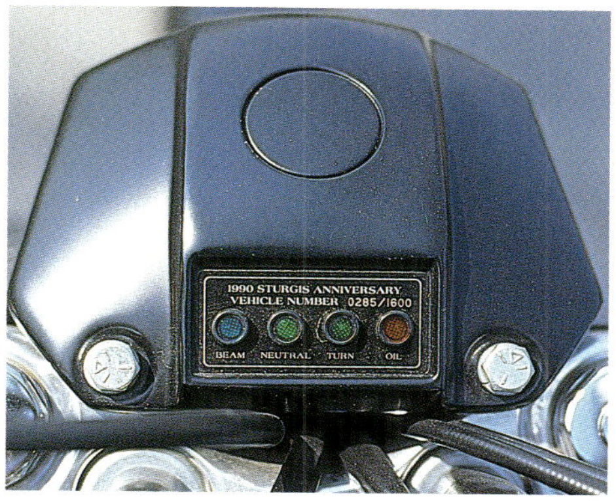

Das Sondermodell, das Harley-Davidson im Jahre 1982 unter dem Namen „Sturgis" vorstellte, verfügte noch über einen Shovelhead-V-Twin, die neue Sturgis des Jahres 1991 jedoch zeigte sich stolz mit der aktuellsten Errungenschaft im Milwaukeer Triebwerksbau, dem Evolution-V2, eingebettet in den neuen Dyna-Glide-Rahmen. Auch diese Sturgis, herausgebracht zum 50. Jubiläum des berühmten, jeden Sommer am Fuße der Black Hills im Bundesstaat South Dakota stattfindenden Motorradtreffens, präsentierte sich in Harley-Davidsons Markenfarben Schwarz und Orange.

1

© Harley-Davidson

2

3

4

1988 1989

Die Softail-Rahmenkonstruktion findet ihren Weg auch in andere Modellversionen.

Harley-Davidson feiert mit einer modernen Ausgabe der „Springer“-Gabel, vorgestellt am Custommodell FXSTS, eine Hommage an alte Zeiten.

Letztmalig an den Big Twins der vierziger Jahre verbaut, bietet die überarbeitete „Springer“-Gabel doppelt so viel Federweg als die alte Konstruktion.

Harley-Davidsons Modellpalette für das Jahr 1989 umfaßt 19 verschiedene Modelle.

Die Sowjetunion zieht 1989 ihre Truppen aus Afghanistan zurück; die Weltöffentlichkeit wertet diese Maßnahme als ersten Schritt der UdSSR hin zu einer gemäßigteren Politik.

1

Linke Seite: **1.** In *Terminator 2* spielt Arnold Schwarzenegger zur Abwechslung den „Good Guy". In einer Fluchtsequenz zeigt er, was so alles in einer Harley steckt – sicherlich mit Begeisterung, huldigt er im wirklichen Leben doch ebenfalls dem Harley-Mythos. **2.** Die Sportster 883 Hugger des Jahres 1992 unterschied sich vom Basismodell durch Geweihlenker und leicht tiefergelegtes Fahrwerk. **3.** Harleys waren immer schon bevorzugtes Objekt für diverseste Customumbauten. Die FLSTN „Cow Glide" kam zwar bereits ab Werk mit interessantem Kuhdesign, doch für diesen Harleyfahrer durfte es auch ein bißchen mehr sein. **4.** Das 90. Firmenjubiläum wurde im Sommer 1993 würdig gefeiert, u.a. mit einem zweieinhalbstündigen Korso durch die Straßen von Milwaukee.

Diese Seite: **1.** Harley-Davidsons Managementteam posiert für ein Gruppenfoto mit Harley anläßlich des 90sten Geburtstags. **2.** Die Jubiläumsmodelle des Jahres 1993 erhielten eine zweifarbige Lackierung und spezielle Jubiläumsplaketten. **3.** Der feierliche Korso vereinte Harleyfans jeglicher Couleur – und legte den Straßenverkehr Milwaukees für Stunden lahm.

2

3

1993 FLSTN

Eine der augenfälligsten Milwaukeer Sondermodelle dürfte sicherlich die 1993 vorgestellte FLSTN sein — aus ersichtlichen Gründen im Volksmund des öfteren auch „Cow Glide“ genannt. Wie die meisten Custommodelle ihres Jahrgangs kam auch die FLSTN mit Softail und Riemenantrieb, unterschied sich aber von den FX-Sondermodellen durch ihre wuchtige, der FL entlehnten Telegabel und ihre antiquierten Kotflügel. Die in Weiß und Schwarz gehaltene Lackierung kombiniert mit extravagantem Kuhfell auf Sitzbank, Tank und Packtaschen machte die FLSTN zu einem spontanen Erfolg. Die im Nu ausverkaufte Maschine wurde nur 1993 und nur in 2700 Einheiten gebaut — allerbester Garant für einen späteren Sammlerstatus.

MPH

HARLEY-DAVIDSON
USA

1993 FXDWG

Harley-Davidson feierte im Jahre 1993 den 90. Jahrestag der Firmengründung, und wie nicht anders zu erwarten, begleitete die Milwaukeer Edelschmiede die Feierlichkeiten mit der Präsentation diverser Sondermodelle, gekleidet in ein besonderes Jubiläumsoutfit mit entsprechenden Emblemen und Plaketten. Eine dieser Sondereditionen war die FXDWG Wide Glide. Eingeführt im Jahre 1980, verdankte die Wide Glide ihre Namensgebung den in traditioneller Choppermanier weit auseinander stehenden Gabelholmen. Weitere charakteristische Merkmale dieses tourenfreundlichen Modells waren ein 21zölliges Vorderrad, ein breiter Geweihlenker, vorverlegte Fußrasten, ein geschwungenes Hinterradschutzblech und ein „Fat Bob"-Tank mit Flammendekor. Die Wide Glide gab sich für das Jahr 1993 optisch unverändert, tauschte jedoch ihre knallige Flammenlackierung gegen ein dezenteres Geburtstagsoutfit in zwei Silbertönen ein.

HARLEY-DAVIDSON
E 603 B

HARLEY-DAVIDSON

1

2

3

1989 Im März 1989 laufen aus der *Exxon Valdez* über 40 Millionen Liter Rohöl in den Prince William Sund vor Alaska.

Hunderte von Studenten finden bei der Friedenskundgebung auf dem Platz des Himmlischen Friedens in Peking einen gewaltsamen Tod unter den Ketten chinesischer Militärpanzer.

In Polen endet im August 1989 die vierzigjährige kommunistische Herrschaft; weitere Ostblockstaaten sollten folgen.

1

2

3

4

Linke Seite: **1.** Obgleich die Geburtsstadt Harley-Davidsons Milwaukee ist, liegt die Hauptproduktionsstätte heute in York, Pennsyslvania. **2.** Auf dem Werksgelände befindet sich ebenfalls das offizielle Harley-Davidson-Museum. **3.** Die Fassade gibt deutlich Auskunft, wessen Terrain die Besucher gerade betreten haben.

Diese Seite: **1–2.** Diese beiden Anschauungsobjekte erläutern optisch die Reihenfolge im Lackierprozess. **3.** Jede dieser jungen Ladies – hier zu sehen anläßlich des 90. Firmenjubiläums im Jahre 1993 – wurde einmal zur „Ms. Harley-Davidson" gekürt, eine Auszeichnung, die das Unternehmen leider nicht mehr verleiht. **4.** Colorados Senator Ben Nighthorse ist im wahrsten Sinne ein flammender Verehrer der Milwaukeer Edelmarke und gleichzeitig auch aktiver Motorradfahrer.

1

2

1. „Plymouth Wisconsin Fairgrounds“ ist jeden Sommer Austragungsstätte einer klassischen Rennveranstaltung – hier zu sehen einige der aktiven Teilnehmer. **2.** Es wird mit relativ weichen Bandagen gekämpft, Spaß an der Freude ist die eigentliche Triebfeder dieses Rennens. Auch mit einer alten WR läßt sich noch gut um den Rennparcours „hebeln“. **3.** Dieser kleine Anhänger aus Sterlingsilber erhebt Anspruch, die kleinste Harley der Welt zu sein. **4.** Anspruchsvolle Harleyfahrer schmücken ihre Abendgarderobe ihrer Lebenseinstellung entsprechend mit Krawattennadel und Manschettenknöpfen im Harleydesign.

3

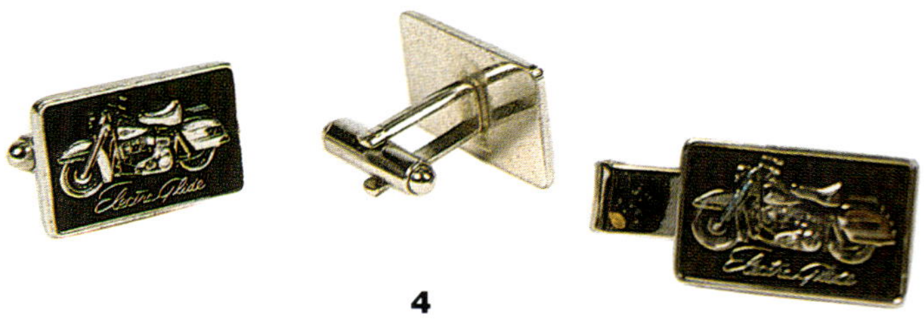

4

1989 1990

San Francisco erleidet im Oktober 1989 das schwerste Erdbeben seit 1906 – 7,1 auf der nach oben offenen Richter-Skala.

Im November 1989 beginnt die DDR mit der Ausgabe von Ausreisevisa; begeisterte Menschen in Ost und West demolieren aus Freude darüber die im Jahre 1961 erbaute Berliner Mauer.

Die USA fallen in Panama ein.

1990: Die UdSSR beginnt mit dem Abzug ihrer Truppen aus der Tschechoslowakei; die sowjetische Führung stimmt für die Abschaffung des Kommunismus.

1

2

3

1. Bergrennen erfreuen sich noch immer einer großen Beliebtheit. Hochgradig entwickelte Spezialmaschinen sind heute unabdingbare Voraussetzung für einen Sieg, hier das Siegermotorrad des „National Championship" 1994. **2.** Dieser Kaffee dürfte auch den verschlafensten Biker in den Tag zurückholen. **3.** Traktorpulling gebärt so manch seltsame Konstruktion, so auch diesen von zwei Harley-V-Twins befeuerten Kraftprotz.

1994 FLHTC Ultra

Nicht jeder Motorradfahrer mag das Peitschen des Windes im Gesicht spüren. Die FLHTC Ultra richtet sich insbesondere an diejenigen Fahrer, deren Ansprüche den Luxus einer vollausgestatteten Maschine verlangen. Mit superbequemer Doppelsitzbank, elektronischer Cruise Control, CB-Funk, AM/FM-Radio-Cassettenspieler sowie riesigen Packtaschen und Topcase macht die FLHTC Ultra ihrem Namen alle Ehre. Sie ist die perfekte Maschine für weite Reisen in vollendetem Komfort.

1

3

2

1. Ein Knopfruck genügt, um diese batteriebetriebene „Full-Dresser" zum Leben zu erwecken bzw. sie „hochdrehen", vibrieren und die Beleuchtung aufflammen zu lassen. **2.** Dieses sehr detailliert ausgeführte Modell im Maßstab 1:8 produzierte Revell im Jahre 1995. **3.** Gußfiguren sind häufig das Ziel von Sammelleidenschaften. Selbst in dieser artfremden Umgebung ist es nicht irgendein Motorrad, das der alte Mann hier bemalt, sondern ... eine Harley.

1990
1991

Ost- und Westdeutschland feiern ihre Wiedervereinigung.

Südafrika schafft die Apartheid ab.

Harley-Davidson-Händler passen sich zunehmend den Erfordernissen der neunziger Jahre an; modernes Ladendesign und Neonreklamen sollen potentielle Kunden zum Kauf anregen.

Irakische Truppen besetzen im August 1990 das Nachbarland Kuwait; der feindliche Akt wird von den Vereinten Nationen verurteilt; US-Truppen formieren sich für die Operation „Desert Shield".

Am 17. Januar 1991 beginnen die US-Streitkräfte mit der Bombardierung des Irak; im Februar beginnt die Operation „Desert Storm", bereits vier Tage später steht der Irak vor der Kapitulation.

1

2

3

4

1. Das Biketoberfest 1994 war gleichzeitig auch das Eröffnungsdatum für „Daytona Harley-Davidson" in Florida. **2.** Selbst Kinder können der Harleybegeisterung fröhnen. Dieses Tafelgeschirr dürfte so manche Mahlzeit um so schmackhafter gestalten. **3.** Kleinkinder sind ebenfalls nicht vom Harleyfieber ausgenommen, obwohl ein kleines Schweinchen als Maskottchen sicherlich passender gewesen wäre. **4.** Dieses Harleytelefon hingegen ist eher etwas für Erwachsene. Erreicht das Telefon ein Anruf, so ertönt die Hupe und der Scheinwerfer beginnt zu leuchten.

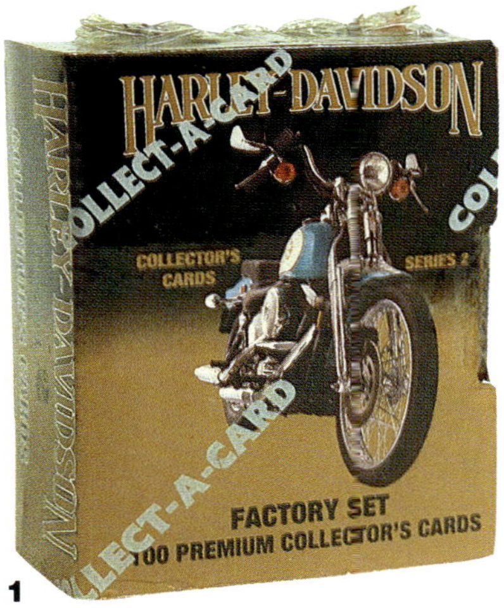

1

2

3

4

1. Die Anfang des Jahrzehnts in den USA entflammte Leidenschaft für Sammelkarten ging auch an Harley-Davidson nicht spurlos vorüber. Diverse Kartensets kamen daraufhin auf den Markt. **2.** Die Welt des Motorrads läßt nur selten Kreativität vermissen, denn schließlich ist dies eine ihrer Haupttriebfedern. **3.** Harley-Davidson lizensierte offiziell diesen Sattelschleppertruck, produziert in einer Auflage von nur 50 000 Exemplaren. **4.** Milwaukee ist ebenfalls Ursprung dieser Idee. Der Kombination aus Radio und Lampe läßt sich durch Betätigung des Gasgriffs sogar ein „hochdrehendes" Motorgeräusch entlocken.

1992
1993

Harley-Davidsons Bekleidungsprogramm erhält einen eigenen Katalog und ein modischeres Design.

1992 wird Bill Clinton neuer Präsident der USA.

Special Editions werden aufgelegt; einige dieser Sondermodelle erwerben sich Sammlerstatus, noch bevor sie überhaupt in den Verkauf gelangen.

Johnny Carson moderiert seine letzte *Tonight Show*.

Terroristen verüben im Februar 1993 einen Bombenanschlag auf das World Trade Center in New York.

Im Sommer 1993 wird der Mittelwesten der USA von heftigen Flutkatastrophen heimgesucht.

1

2

3

1. Eingekleidet in Blue Jeans, Weste und Schirmmütze ist dieser plüschene „Harley-Hog" genau das richtige Geschenk nicht nur für die jüngsten unter den Harleyfans. **2.** Noch stärker im Spielzeugbereich angesiedelt ist dieses Eisenbahnset, das jährlich in einer neuen, limitierten Version auf den Markt kommt. **3.** *Road Songs* ist eine 2 CDs umfassende Sammlung von Musiktiteln, herausgegeben von Harley-Davidson in einer ledergebundenen Präsentationsmappe. **4.** Diese „Buffalo Glide" ist häufig auf großen Motorradtreffen zu bewundern. Ob sie dorthin gefahren oder getrieben wird, weiß niemand so recht zu sagen …

1995 FXSTSB

Ein weiteres Modell aus Harley-Davidsons Customküche ist die 1995 vorgestellte Bad Boy. Im Gegensatz zur Softail Springer, auf der sie ja basiert, präsentiert sich die Bad Boy von der „Springer"-Gabel bis zum Hinterradschutzblech ihrem Namen überaus gerecht in schwarzem Outfit, aufpoliert nur durch wenige Chromteile. Im gespeichten 21-Zoll-Vorderrad erledigt eine gelochte Bremsscheibe sämtliche Verzögerungsarbeiten, unterstützt durch eine ebenfalls gelochte Scheibe im hinteren Gußrad. Ein breiter, niedriger Lenker zwingt den Fahrer in Kombination mit den hoch angesetzten Fußrasten in eine leicht geduckte Sitzposition. Ins neue Modelljahr 1996 geht die Bad Boy nahezu unverändert, bereit, jeden auch noch so markenfremden Biker in den Bann der Milwaukeer V-Twins zu ziehen.

HARLEY-
DAVIDSON

1995 Drag Bike

Dragsterrennen sind seit Jahrzehnten in den USA – und mittlerweile auch in Europa – Zuschauermagneten erster Güte. Der Konkurrenzdruck ist so stark, daß nur hochgradig komplexe Konstruktionen eine Chance auf einen Spitzenplatz haben. Verfeinert mit Zubehörteilen spezialisierter Hersteller wie S&S, Redshift und J&E atmet das vormals aus 80 Kubikzoll arbeitende Triebwerk nun aus satten 132 Kubikzoll (2163 ccm) – entsprechend einer Hubraumsteigerung von 65 Prozent. Der Rohrrahmen entstand bei Bonnie Truett, dessen exquisite Rahmenkonstruktionen schon seit Jahren zur Standardausrüstung der Spitzengruppe zählen. Verzögert wird dieses Dragstergeschoß an Vorder- und Hinterrad über Spezialbremsanlagen von Performance Machine.

1

2

1. Den 30. Geburtstag der Electra Glide feierte Harley-Davidson 1995 mit dem hier gezeigten Sondermodell FLHTCI. 2. „Davey“, die bekannte Comicfigur aus den Sechzigern, wurde 1995 von der Testor Company wiederaufgelegt. 3. Dieser Spardosen-Chevy ist — zumindest optisch — nicht die schlechteste Alternative zu einem Sparkonto auf der Bank. 4. In den USA sind in den letzten Jahren zahlreiche Harley-Diner eröffnet worden, doch nur Gatto Cycle Diner in Tarentum, Pennsylvania, und wenige andere können mit einem angeschlossenen Händlerstützpunkt aufwarten.

3

4

1993
1994

Harley-Davidson feiert das 90. Firmenjubiläum im Sommer 1993 mit einer gigantischen Geburtstagsparty; Höhepunkt der Festlichkeiten ist ein zweieinhalb Stunden dauernder Korso mit unzähligen Harleys durch die Straßen der Stadt.

Der Mythos Harley-Davidson zieht mehr und mehr bekannte Persönlichkeiten in seinen Bann — und natürlich auch immer mehr markenfremde Motorradfahrer.

Manche der neuen Modelle sind zum Teil bereits 12 Monate vor dem offiziellen Verkaufsstart ausverkauft.

1

1. Im Laufe der Zeit hat sich das Motorrad einen festen Stammplatz in unserer Gesellschaft erobern können. Viele Ehepaare und Familien nutzen ihre Harleys als erholsamen Ausgleich zum Alltagsstress. **2.** Seit über 50 Jahren zieht die „Black Hills Rally" jeden Sommer Tausende von Besuchern — vornehmlich Harleyfahrer — nach Sturgis im Bundesstaat South Dakota. **3.** Das weibliche Geschlecht findet seinen Weg zunehmend auch in die vorwiegend männliche Motorradwelt. Eine von vier neu zugelassenen Harleys wird heute von einer Frau pilotiert. **4.** Dieses Bild sagt alles! Jetzt wissen wir endlich, was der Nikolaus so alles in seiner Freizeit treibt: Er sorgt in Sturgis für Frohsinn und gute Laune!

2

3

4

1

2

1. Customisierte Motorräder werden häufig als ganz eigene Kunstform verstanden, doch nur wenige dieser Customs sind so begehrenswert wie diese von dem weltbekannten Künstler Leonardo Nierman geschaffene Harley. **2.** Ganz anders geben sich hingegen die berühmten „Rat Bikes", die sich nicht um perfekte Optik scheren, sondern eher Ausdruck höchst individuellen Geschmacks sind. Die meist- und bestbehangene Maschine macht das Rennen. Diesem Exemplar jedenfalls dürfte ein Preis in Daytona sicher sein.

1994

Ein Erdbeben der Stärke 6,8 auf der Richter-Skala trifft im Januar 1994 die Stadt Los Angeles.

1994 feiert Harley-Davidson seinen Wiedereintritt in den Motorsport. Die VR1000 debütiert als offizielle Rennmaschine – gemeinsam mit der limitierten Auflage einer straßenzugelassenen Homologationsversion.

George Foreman, mittlerweile 45 Jahre alt, holt sich im November den Schwergewichtstitel zurück.

1

2

3

1–2. Scott Jacobs ist der einzige von Harley-Davidson offiziell lizensierte Künstler. Seine Arbeiten, obgleich auf Leinwand gemalt, verfügen über eine unglaublich fotografische Intensität. **3.** Harleyfans, die ihre Maschine einmal selbst Stück für Stück „aufbauen“ möchten, bietet Harley-Davidson sogar farbenprächtige Puzzle an.

1

© Harley-Davidson

2

© Harley-Davidson

1995 Das Federal Building in Oklahoma City wird am 19. April 1995 Ziel eines Bombenanschlags; 169 Menschen sterben.

Im Juni gelingt der amerikanischen Raumfähre *Atlantis* ein Andockmanöver an die russische Raumstation *MIR*.

Die USA entsendet gegen Jahresende erste Truppen nach Bosnien.

Im Jahre 1995 durchbricht die Jahresproduktion erstmalig in der Geschichte Harley-Davidsons die 100 000er-Marke; 30 Prozent des Produktionsvolumens gehen in den Export.

© Harley-Davidson

1

© Harley-Davidson

2

Linke Seite: **1.** Vorgestellt 1990, hat sich die FLSTF Fat Boy einen Stammplatz in der Big-Twin-Palette erobert. Ins Jahr 1996 ging sie erneut mit filigranem Vorderradschutzblech und markanten Scheibenrädern. **2.** Als Pendant zur Fat Boy, ausgerüstet allerdings mit Speichenrädern, Weißwandreifen und wuchtigen Kotflügeln, ging die FLSTN Heritage Softail Special ins Rennen.

Diese Seite: **1.** Die XL 1200S präsentierte sich ganz in der Tradition der alten XLCH als sportlichste Variante im Sportster-Programm. Sie verfügte über ein speziell abgestimmtes Fahrwerk, eine Sportsitzbank und zwei Scheibenbremsen am Vorderrad. **2.** Dem 1996er Gesamtkatalog lag eine Vinylausgabe der Compilation „Road Music“ bei. **3.** Ganz oben auf der Harley-Preisskala rangierte die FLHTC UI Ultra Classic Electra Glide mit Seitenwagen. Einige der FL-Modelle waren auch mit einer geringfügig leistungssteigernden Benzineinspritzung zu haben (gekennzeichnet durch den Typenzusatz „I“). **4.** Als Einsteigermodell für das Jahr 1996 konzipierte Harley-Davidson die FXD Dyna Super Glide.

© Harley-Davidson

3

© Harley-Davidson

4

1

2

Anfang der neunziger Jahre feierte Harley-Davidson seinen Wiedereintritt in die Rennsportszene mit der flüssigkeitsgekühlten VR1000. Bislang vermochte Harley-Davidson weder als Marke an die Erfolge der berühmten „Wrecking Crew" vor achtzig Jahren, noch mit der VR1000 an die dominierende Rolle der WR in den Fünfzigern und der XR in den Siebzigern anzuschließen. **1.** Daytona Beach, 1994: Die Harley-Box strotzt vor Aktivität kurz bevor die Maschinen auf die Piste geschickt werden. **2.** Miguel DuHamel wurde für die erste Saison als Fahrer verpflichtet. **3.** Um die VR1000 überhaupt als Rennmaschine zulassen zu können, mußte Harley-Davidson eine limitierte Homologationsserie produzieren; Scheinwerfer, Blinker und Rückspiegel zeugen vom Straßentrimm. **4.** Miguel DuHamel in Schräglage auf der Strecke von Elkhart Lake, Wisconsin.

3

4

1. In ihrer zweiten Rennsaison erhielt die VR1000 eine neue Auspuffanlage mit zwei Endtöpfen, um dem V-Twin noch ein paar zusätzliche Pferdestärken zu entlocken. **2.** Für 1995 ging Doug Chandler als Werksfahrer ins Rennen. Hier treibt er seine VR durch Kurve Nummer Fünf beim „Road America"-Rennen. **3.** Ein makellos restaurierter Topper-Motorroller ist genau das Richtige, um das Fahrerlager unsicher zu machen. Bemerkenswert ist die dreifarbige Lackierung in Harley-Davidsons offiziellen Rennfarben: Orange rechts, Schwarz links und Weiß in der Mitte. **4.** 1995 brachte Harley-Davidson dieses Modell einer VR1000 in den Handel. Trotz seines hohen Preises von $ 75 verkaufte es sich erstaunlich gut. Die einrohrige Auspuffanlage deutet darauf hin, daß hier wohl die VR1000 des Jahres 1994 als Vorlage diente.

1

2

3

4

1

2

3

4

In den vergangenen zehn Jahren führte Harley-Davidson zur Steigerung der Kapazitäten modernste Produktionsverfahren ein. **1.** Die VR1000 entsteht in einer separaten Halle, montiert von einer kleinen Gruppe ausgesuchter Mechaniker. **2.** Die Motorenproduktion befindet sich in einem Vorort von Milwaukee und ist in ihren Abläufen hochautomatisiert. **3.** Manche Produktionsschritte erfolgen aus Qualitätsgründen besser in Handarbeit. Hier wird einer FLSTC gerade der letzte Schliff gegeben. **4.** Diese von einem Rotax-Motor angetriebene Geländemaschine wird für die US-Streitkräfte produziert.

Während die Motorenproduktion ihren Standort in Milwaukee hat, erfolgt die Endmontage in York, Pennsylvania. **1.** Die in York angelieferten Motoren werden für den Einbau vorbereitet. **2.** Sind erst einmal Vorderradgabel und Triebwerk in den Rahmen gesetzt, sieht die Welt gleich viel besser aus. **3.** Diese FXDWG harrt ihres letzten Feinschliffs. Sicherlich wird ihr Anblick dem glücklichen Besitzer die Tränen in die Augen treiben, denn es ist durchaus keine Seltenheit, daß manche Kunden bis zu sechs Monate auf eine Sportster oder gar bis zu zwei Jahre auf manche der Big-Twin-Modelle warten müssen. Die Produktion soll 1996 weiter hochgefahren werden, da die Nachfrage zunehmend das Angebot überflügelt.

1

2

3

1

2

3

1

2

3

4

5

6

Harley-Davidson hat sich im Laufe der Jahrzehnte zu einem regelrechten Mythos entwikkelt, auch unter den Größen der internationalen, aber insbesondere unter den bekannten Persönlichkeiten der amerikanischen Öffentlichkeit.

Linke Seite: **1.** Das Bild zeigt George Clooney auf seiner Harley noch bevor er als Hauptakteur in der Krankenhaus-TV-Serie *ER* (emergency room) zu Ruhm und Ehren gelangte. **2.** Patrick Swayze posiert mit harleytypischem Outfit auf seiner Wide Glide. **3.** Diese Aufnahme von Cher entstand 1994 während einer Motorradparade in Kalifornien.

Diese Seite: **1.** Der Schauspieler Larry Hagman ist seit Jahren begeisterter Harleyfahrer. **2.** Pamela Anderson tauschte ihr rotes Badenixenoutfit aus *Baywatch* für einen Ritt auf der Harley sogar gegen etwas handfestere Kleidung ein. **3.** Jon Bon Jovi zeigt sich gelassen auf seiner 1989er Big Twin. **4.** Schauspielerin Linda Hamilton, bekannt aus den *Terminator*-Filmen, scheint sich auf ihrer Custom mehr als wohl zu fühlen. **5.** Dean Cain, unser Superman aus der TV-Serie *Superman: Die Abenteuer von Lois und Clark,* macht auch am Boden eine gute Figur. **6.** Bob Collins, einer von Chicagos bekanntesten Radiomoderatoren, zeigt voller Stolz seine WLA aus dem zweiten Weltkrieg.

HARLEY TOTAL BEI HEEL!

Harleymania
Timothy Remus, ein Insider, stellt die Macher der berühmtesten Chopper-Umbauten vor, beschreibt brillant und prägnant ihr Handwerk und die Motorräder.

176 Seiten, ca. 180 Farbabbildungen, Format 210 x 270 mm, gebunden
DM 49,80
ISBN 3-929534-11-8

Harley-Davidson – Eine amerikanische Legende
3. Auflage, 128 Seiten, über 80 Farbabb., Format 235 x 235 mm, gebunden mit farbigem Schutzumschlag
ISBN 3-89365-387-2
DM 48,–

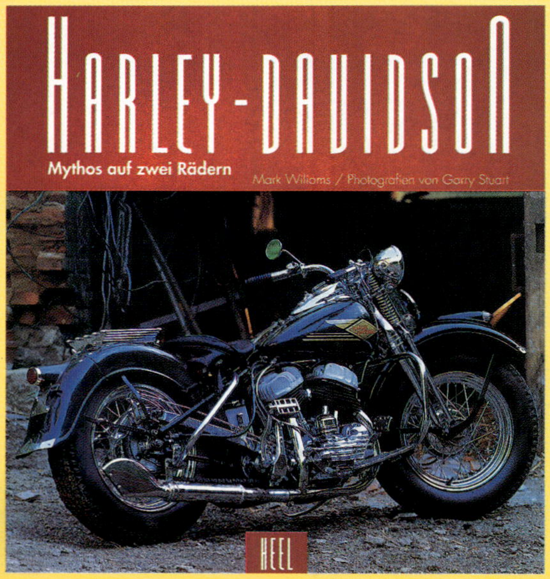

Harley – Mythos auf zwei Rädern
144 Seiten, ca. 150 Farbfotos, Format 260 x 280 mm, gebunden mit farbigem Schutzumschlag
ISBN 3-89365-344-9
DM 58,–

Die Reihe „Technothek" garantiert durch informative Texte und großzügige Bilder einen repräsentativen Überblick über die jeweilige Marke. Jeder Banc mit je 128 Seiten und rund 120 Farbfotos, im Format 206 x 229 mm und in Softbackausführung, zum Preis von je DM 19,80

Folgende Bände sind noch unter dem Reihentitel „Technothek" erhältlich.

SCHMÖKERWARE FÜR BIKER!

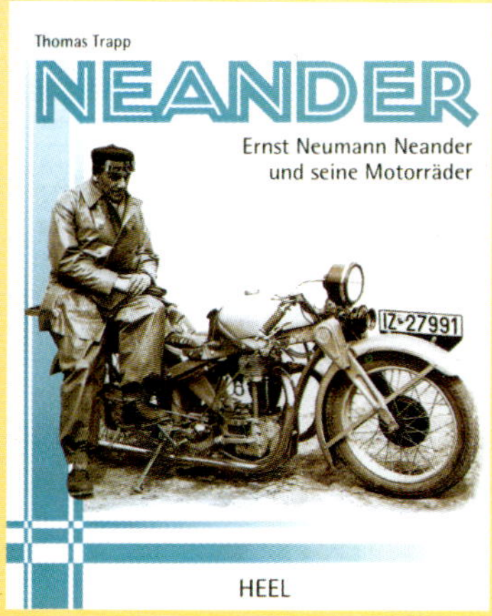

Ernst Neumann Neander und seine Motorräder
136 Seiten, ca. 200 Abb., Format 225 x 270 mm, gebunden mit Schutzumschlag ISBN 3-89365-546-8 DM 78,–

Handbuch praktische Motorrad-Technik
336 Seiten, ca. 180 s/w-Fotos, über 280 Zeichnungen, Format 160 x 232 mm, Softback ISBN 3-89365-429-1 Sonderausgabe: DM 24,80

Die Reihe „Klassische Motorräder" mit ausführlicher Modellgeschichte liefert viele wertvolle Tips in puncto Kauf und Restaurierung und vollständiges technisches Datenmaterial. Jeder Band im Format 190 x 210 mm, gebunden mit farbigem Schutzumschlag, zum Preis von je DM 48,– (Sonderpreis wie vermerkt).

Motorrad Oldtimer Katalog V
200 Seiten, ca. 400 teils farbige Fotos, Format 210 x 297 mm, Softback ISBN 3-89365-382-1 DM 29,80

BMW 1- und 2-Zylinder
192 Seiten, 160 s/w-Abb. ISBN 3-89365-231-0

Honda
192 Seiten, 160 s/w-Abb. ISBN 3-89365-230-2

MV Augusta
192 Seiten, 200 s/w-Abb. ISBN 3-89365-232-9 Sonderpreis DM 19,80

Triumph 2- und 3-Zylinder
208 Seiten, 170 s/w-Abb. ISBN 3-89365-229-9

HEEL BÜCHER
Postfach 1220
53622 Königswinter
BESTELLHOTLINE:
Tel.: (0531) 799079
Fax: (0531) 795939

AMERICAN DREAMS BY HEEL

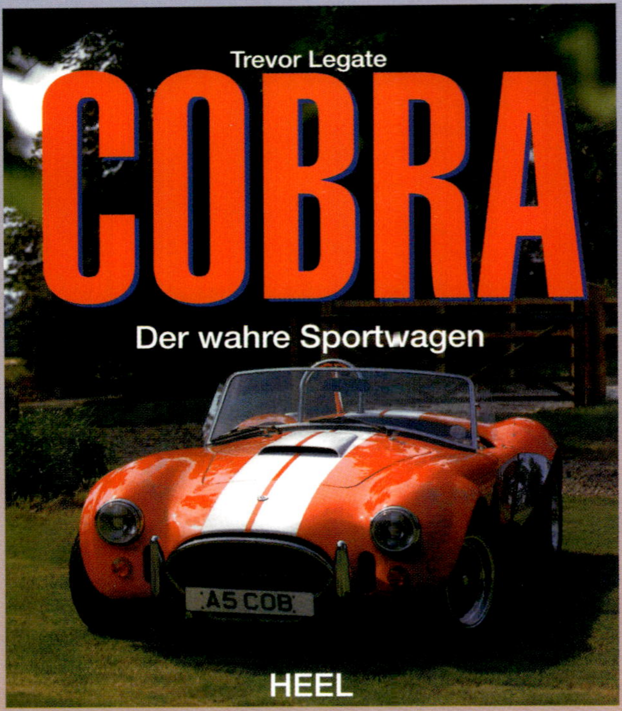

Trevor Legate
Cobra – Der wahre Sportwagen
ca. 272 Seiten, ca. 350 teils farbige Abbildungen, Format 215 x 272 mm, gebunden mit farbigem Schutzumschlag
DM 88,–
ISBN 3-89365-541-7

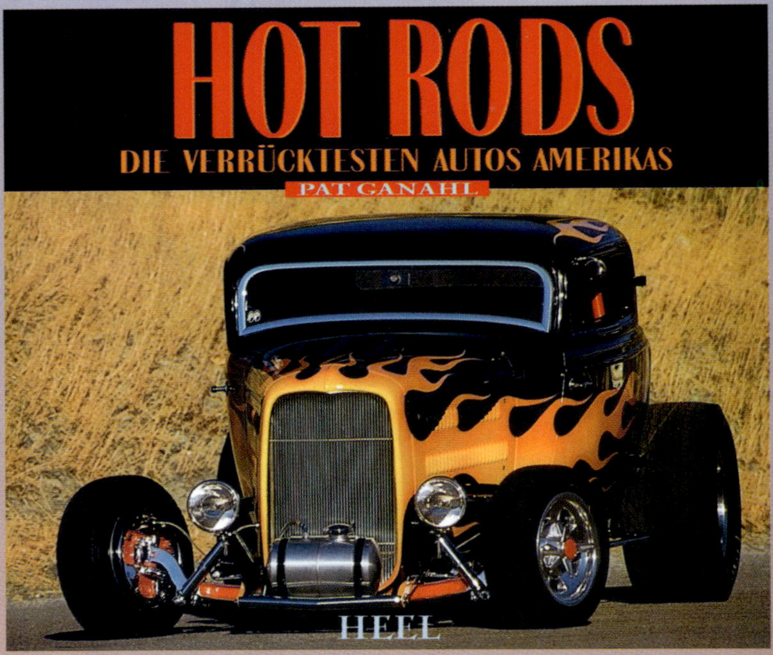

Pat Ganahl
Hot Rods –
Die verrücktesten Autos Amerikas
ca. 144 Seiten, über 200 Farbfotos, Format 265 x 235 mm, Softback
DM 49,80
ISBN 3-89365-542-5

Steiger/Wirth
Broken Dreams
Eine Bilderreise über Autofriedhöfe in Amerika
128 Seiten, ca. 120 Farbabb., Format 280 x 210 mm, gebunden
DM 68,–
VSB-Titelnr. 065-707

Langworth/Flammang
Amerikanische Automobile der 60er Jahre
320 Seiten, ca. 420 Vierfarbabb., Format 255 x 320 mm, geb. mit farb. Schutzumschlag
DM 89,–
ISBN 3-89365-313-9

Technothek:
Jeder Band mit je 128 Seiten und rund 120 Farbfotos, im Format 206 x 229 mm, Softbackausführung, zum Preis von je **DM 19,80**

Amerikanische Autos der 50er
ISBN 3-89365-456-9

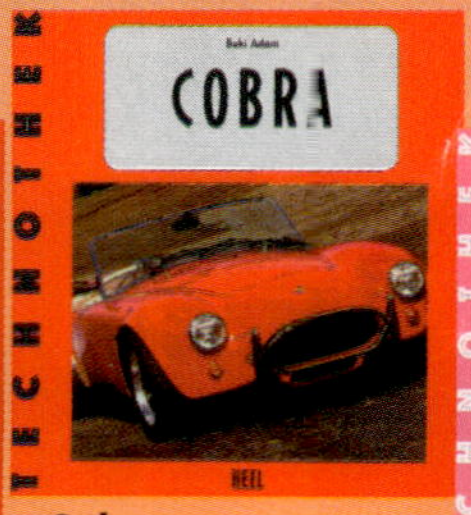

Cobra
ISBN 3-89365-400-3

Cadillac
ISBN 3-89365-399-6

Collector's Guide:
Richard Langworth
Die Corvette
168 Seiten, über 220 Abb.
vorher: DM 48,–
jetzt: DM 19,95
ISBN 3-89365-510-7

HEEL BÜCHER
Postfach 1220
53622 Königswinter
BESTELLHOTLINE:
Tel.: (0531) 799079
Fax: (0531) 795939